鼎湖山野外实习
常见植物图谱

DINGHUSHAN YEWAI SHIXI CHANGJIAN ZHIWU TUPU

李海生 徐亚幸 贺握权 编著

·广州·

版权所有　翻印必究

图书在版编目（CIP）数据

鼎湖山野外实习常见植物图谱/李海生，徐亚幸，贺握权编著. —广州：中山大学出版社，2018.9
ISBN 978-7-306-06443-1

Ⅰ. ①鼎… Ⅱ. ①李… ②徐… ③贺… Ⅲ. ①山—野生植物—肇庆—图集 Ⅳ. ①Q948.526.53-64

中国版本图书馆 CIP 数据核字（2018）第 214969 号

DINGHUSHAN YEWAI SHIXI CHANGJIAN ZHIWU TUPU

出 版 人：	王天琪
策划编辑：	金继伟
责任编辑：	谢贞静
封面设计：	刘 犇
装帧设计：	广州瑞云科技有限公司
责任校对：	李艳清
责任技编：	何雅涛
出版发行：	中山大学出版社
电　　话：	编辑部 020-84110771，84113349，84111997，84110779
	发行部 020-84111998，84111981，84111160
地　　址：	广州市新港西路 135 号
邮　　编：	510275　传　真：020-84036565
网　　址：	http://www.zsup.com.cn　E-mail：zdcbs@mail.sysu.edu.cn
印 刷 者：	广州家联印刷有限公司
规　　格：	880mm×1230mm　1/32　7.25 印张　200 千字
版次印次：	2018 年 9 月第 1 版　2018 年 9 月第 1 次印刷
定　　价：	48.00 元

如发现本书因印装质量影响阅读，请与出版社发行部联系调换

本书承广东教育教学成果奖（高等教育）培育项目"师范院校植物学实践教学体系的研究与构建"、广东省本科高校教学质量与教学改革工程项目"生物科学专业综合改革试点"、广东省"生态学"特色重点学科建设项目和广东第二师范学院校级质量工程项目"植物学教学团队"资助出版。

前　言

植物学野外实习是高等院校植物学教学计划中的重要组成部分。在学生们完成了植物学理论课的学习和有关的实验课之后，进行一次植物学野外实习，将书本上的知识与丰富多彩的植物世界结合，对巩固和拓宽植物学知识、学习后继课程有重要作用，也是培养学生理论联系实际、独立分析问题和解决问题能力的一个重要的教学环节，对每个学生来说也是一次宝贵而终生难忘的学习机会。

鼎湖山位于广东省中部的肇庆市境内，地处热带和亚热带的过渡区，占地面积 1155 hm^2。气候属南亚热带湿润季风气候，雨热同期，干湿季节明显，年平均气温 21 ℃，年降水量为 1927.3 mm，年均相对湿度达 80%。土壤类型主要为赤红壤、黄壤和山地灌丛草甸土。植被类型复杂多样，除具有南亚热带典型的季风常绿阔叶林外，还包括山地常绿阔叶林、沟谷雨林、河岸林、针阔混交林、针叶林、灌木草丛、稀树灌丛、人工林等植被类型。森林覆盖率达 90%，蕴藏了丰富的植物种类。其主要特点是热带植物丰富，子遗植物种类繁多，木本植物占很高的比例，常绿植物占优势，可见较多的藤本植物、附生植物、板根植物、茎花植物和绞杀植物等。据调查，鼎湖山具有高等野生植物 2054 种，栽培植物 394 种，共计 2448 种（包括变种和亚种），隶属 278 科 1118 属，包括苔藓植物 38 科 73 属 118 种，蕨类植物 39 科 78 属 148 种，裸子植物 8 科 14 属 23 种，被子植物 193 科 953 属 2159 种。其中，国家重点保护植物 23 种，华南特有种及模式产地种30多种。

早在1956年,鼎湖山就被设立为自然保护区,是我国第一个国家级自然保护区。1979年,鼎湖山成为我国第一批加入联合国教科文组织"人与生物圈"计划的世界生物圈保护区。1978年建立的鼎湖山森林生态系统定位研究站也在2001年成为国家重点野外台站。优美的环境、丰富的植物资源、良好的食宿条件,使鼎湖山成为较理想的植物学野外实习场所。

20世纪80年代,广东第二师范学院(原广东教育学院)就将鼎湖山作为植物学野外实习的教学基地。我们将多年在鼎湖山植物学野外实习教学积累的素材加以整理,挑选了鼎湖山常见的200种植物编成了这本图谱,包括蕨类植物20种,裸子植物4种,被子植物176种。主要侧重于野生植物的介绍,兼顾少量栽培植物。本书在编写过程中主要参考了 Flora of China、《中国植物志》《深圳植物志》《广州野生植物》《东莞植物志》等。本书科的排列方面,蕨类植物按秦仁昌系统排列,裸子植物采用郑万钧系统排列,被子植物按哈钦松系统排列,仅个别科属有所调整;属种按拉丁名字母顺序排列。

由于编者水平有限,时间比较仓促,书中错误和疏漏之处在所难免,敬请广大读者和同行批评指正。

编著者

2018年9月于广州

目 录

蕨类植物

石松科
　　垂穗石松 …………………… 2
卷柏科
　　深绿卷柏 …………………… 3
里白科
　　芒萁 ………………………… 4
　　中华里白 …………………… 5
海金沙科
　　曲轴海金沙 ………………… 6
　　海金沙 ……………………… 7
　　小叶海金沙 ………………… 8
蚌壳蕨科
　　金毛狗 ……………………… 9
桫椤科
　　黑桫椤 ……………………… 10
鳞始蕨科
　　乌蕨 ………………………… 11
凤尾蕨科
　　井栏边草 …………………… 12
　　半边旗 ……………………… 13
　　蜈蚣草 ……………………… 14
铁线蕨科
　　扇叶铁线蕨 ………………… 15
金星蕨科
　　华南毛蕨 …………………… 16
乌毛蕨科
　　乌毛蕨 ……………………… 17
鳞毛蕨科
　　中华复叶耳蕨 ……………… 18
水龙骨科
　　伏石蕨 ……………………… 19
　　江南星蕨 …………………… 20
　　石韦 ………………………… 21

裸子植物

松科
　　马尾松 ……………………… 24
罗汉松科
　　鸡毛松 ……………………… 25
　　长叶竹柏 …………………… 26

目 录

买麻藤科
 小叶买麻藤 ………………… 27

被子植物

番荔枝科
 假鹰爪 ……………………… 30
 白叶瓜馥木 ………………… 31
 紫玉盘 ……………………… 32
樟科
 厚壳桂 ……………………… 33
 黄果厚壳桂 ………………… 34
 鼎湖钓樟 …………………… 35
 山苍子 ……………………… 36
 假柿木姜子 ………………… 37
 豺皮樟 ……………………… 38
 华润楠 ……………………… 39
 广东润楠 …………………… 40
 绒毛润楠 …………………… 41
防己科
 粪箕笃 ……………………… 42
胡椒科
 草胡椒 ……………………… 43

山蒟 ………………………… 44
假蒟 ………………………… 45
金粟兰科
 草珊瑚 ……………………… 46
远志科
 黄叶树 ……………………… 47
蓼科
 杠板归 ……………………… 48
瑞香科
 土沉香 ……………………… 49
 了哥王 ……………………… 50
山龙眼科
 网脉山龙眼 ………………… 51
五桠果科
 锡叶藤 ……………………… 52
葫芦科
 绞股蓝 ……………………… 53
秋海棠科
 紫背天葵 …………………… 54
 裂叶秋海棠 ………………… 55
山茶科
 木荷 ………………………… 56
猕猴桃科
 水东哥 ……………………… 57

目 录

桃金娘科
  岗松 …………………… 58
  水翁 …………………… 59
  桃金娘 ………………… 60
  红鳞蒲桃 ……………… 61
  蒲桃 …………………… 62
  山蒲桃 ………………… 63

野牡丹科
  柏拉木 ………………… 64
  多花野牡丹 …………… 65
  野牡丹 ………………… 66
  地菍 …………………… 67
  展毛野牡丹 …………… 68
  毛菍 …………………… 69

红树科
  竹节树 ………………… 70

藤黄科
  岭南山竹子 …………… 71
  黄牛木 ………………… 72

椴树科
  破布叶 ………………… 73

杜英科
  水石榕 ………………… 74

梧桐科
  刺果藤 ………………… 75

  翻白叶树 ……………… 76
  窄叶半枫荷 …………… 77
  假苹婆 ………………… 78

锦葵科
  地桃花 ………………… 79

攀打科
  小盘木 ………………… 80

大戟科
  红背山麻杆 …………… 81
  五月茶 ………………… 82
  银柴 …………………… 83
  黑面神 ………………… 84
  土蜜树 ………………… 85
  飞扬草 ………………… 86
  毛果算盘子 …………… 87
  鼎湖血桐 ……………… 88
  白背叶 ………………… 89
  白楸 …………………… 90
  小果叶下珠 …………… 91
  叶下珠 ………………… 92
  山乌桕 ………………… 93

蔷薇科
  桃叶石楠 ……………… 94
  臀果木 ………………… 95

目 录

石斑木 …………………… 96
粗叶悬钩子 ………………… 97
白花悬钩子 ………………… 98
含羞草科
海红豆 …………………… 99
天香藤 …………………… 100
猴耳环 …………………… 101
亮叶猴耳环 ……………… 102
苏木科
龙须藤 …………………… 103
华南云实 ………………… 104
格木 ……………………… 105
蝶形花科
藤槐 ……………………… 106
藤黄檀 …………………… 107
假地豆 …………………… 108
香花崖豆藤 ……………… 109
白花油麻藤 ……………… 110
葛 ………………………… 111
葫芦茶 …………………… 112
壳斗科
栗 ………………………… 113
锥 ………………………… 114
黧蒴锥 …………………… 115

雷公青冈 ………………… 116
榆科
朴树 ……………………… 117
白颜树 …………………… 118
桑科
黄毛榕 …………………… 119
水同木 …………………… 120
藤榕 ……………………… 121
粗叶榕 …………………… 122
对叶榕 …………………… 123
九丁榕 …………………… 124
荨麻科
苎麻 ……………………… 125
楼梯草 …………………… 126
狭叶楼梯草 ……………… 127
小叶冷水花 ……………… 128
雾水葛 …………………… 129
冬青科
秤星树 …………………… 130
檀香科
寄生藤 …………………… 131
鼠李科
翼核果 …………………… 132
葡萄科
乌蔹莓 …………………… 133

目 录

  扁担藤 …………………… 134
芸香科
  山油柑 …………………… 135
  三桠苦 …………………… 136
  簕欓花椒 ………………… 137
  两面针 …………………… 138
橄榄科
  橄榄 ……………………… 139
  乌榄 ……………………… 140
漆树科
  人面子 …………………… 141
  盐肤木 …………………… 142
  野漆 ……………………… 143
五加科
  鹅掌柴 …………………… 144
杜鹃花科
  广东金叶子 ……………… 145
柿树科
  乌材 ……………………… 146
  罗浮柿 …………………… 147
山榄科
  肉实树 …………………… 148
紫金牛科
  朱砂根 …………………… 149

  山血丹 …………………… 150
  罗伞树 …………………… 151
  酸藤子 …………………… 152
  鲫鱼胆 …………………… 153
  柳叶杜茎山 ……………… 154
木犀科
  厚叶素馨 ………………… 155
  小蜡 ……………………… 156
萝藦科
  眼树莲 …………………… 157
  球兰 ……………………… 158
茜草科
  水团花 …………………… 159
  香楠 ……………………… 160
  山石榴 …………………… 161
  伞房花耳草 ……………… 162
  白花蛇舌草 ……………… 163
  鼎湖耳草 ………………… 164
  牛白藤 …………………… 165
  龙船花 …………………… 166
  玉叶金花 ………………… 167
  团花 ……………………… 168
  九节 ……………………… 169
  蔓九节 …………………… 170

目 录

忍冬科
  珊瑚树 …………… 171
菊科
  藿香蓟 …………… 172
  鬼针草 …………… 173
  野茼蒿 …………… 174
茄科
  红丝线 …………… 175
  水茄 ……………… 176
旋花科
  丁公藤 …………… 177
玄参科
  毛麝香 …………… 178
  野甘草 …………… 179
  二花蝴蝶草 ……… 180
  单色蝴蝶草 ……… 181
  紫斑蝴蝶草 ……… 182
苦苣苔科
  石上莲 …………… 183
爵床科
  板蓝 ……………… 184
  山牵牛 …………… 185
马鞭草科
  白花灯笼 ………… 186

  赪桐 ……………… 187
  山牡荆 …………… 188
唇形科
  韩信草 …………… 189
鸭跖草科
  鸭跖草 …………… 190
百合科
  山菅 ……………… 191
菝葜科
  菝葜 ……………… 192
  土茯苓 …………… 193
  暗色菝葜 ………… 194
天南星科
  石菖蒲 …………… 195
  石柑子 …………… 196
  百足藤 …………… 197
  狮子尾 …………… 198
薯蓣科
  薯莨 ……………… 199
棕榈科
  杖藤 ……………… 200
露兜树科
  露兜草 …………… 201

目 录

莎草科
　　黑莎草 …………………… 202
禾本科
　　淡竹叶 …………………… 203
　　金丝草 …………………… 204
　　棕叶芦 …………………… 205

附录

中文名索引 …………………… 208
学名索引 ……………………… 214

蕨类植物
PTERIDOPHYTES

垂穗石松 铺地蜈蚣 灯笼草 *Lycopodium cernuum* L.
石松科 Lycopodiaceae   石松属 *Lycopodium*

多年生常绿草本。地面主茎长而横走，地上主茎（气生茎）明显，直立，有时攀附，通常长 30～50 cm，圆柱形，多回不等位二叉分枝；主茎上的叶螺旋状排列，稀疏，钻形至线形。侧枝上斜，多回不等位二叉分枝，有毛或光滑无毛；侧枝及小枝上的叶螺旋状排列，密集，略上弯，钻形至线形，全缘，纸质。孢子囊穗单生于小枝顶端，短圆柱形，成熟时通常下垂，无柄；孢子叶卵状菱形，覆瓦状排列。孢子囊生于孢子叶腋，圆肾形，黄色。

生于林下、林缘或路旁。

深绿卷柏 *Selaginella doederleinii* Hieron.

卷柏科　Selaginellaceae　卷柏属　*Selaginella*

多年生常绿草本。上部直立，基部匍匐，高达50 cm，多回分枝，分枝处常生根托。叶二型：侧叶平展，长圆形，上侧边缘具细齿，先端钝，在小枝上呈覆瓦状排列，指向两侧，长3～5 mm；中叶卵状长圆形，先端渐尖和具短芒，边缘有细齿，覆瓦状交互排列指向枝端，长2.2～2.5 mm。孢子叶穗单个或成对生于小枝末端；孢子叶卵状三角形，边缘有细齿，先端渐尖，龙骨状。

生于林下、沟边或石上等环境潮湿的地方。

芒萁 *Dicranopteris pedata*（Houtt.）Nakaike

里白科　Gleicheniaceae　芒萁属　*Dicranopteris*

植株高 45～90 cm。根状茎横走，密被暗锈色长毛。叶远生，纸质，柄长，棕禾秆色，基部以上无毛；叶轴一至三回二叉分枝，各回分叉处两侧各有一对托叶状的羽片；末回羽片披针形，篦齿状深裂几达羽轴，上面黄绿色或绿色，下面灰白色，裂片 35～50 对。孢子囊群圆形，在末回羽片主脉两侧各排成 1 行。

生于强酸性土壤的荒坡、林缘或松林下。酸性土壤指示种。

中华里白 *Diplopterygium chinense* (Rosenst.) De Vol
里白科 Gleicheniaceae 里白属 *Diplopterygium*

多年生大型蕨类，高可达 3 m。根状茎长而横走，连同叶柄、羽轴、小羽轴密被棕色鳞片和星状毛。叶片巨大，二回羽状；羽片长圆形，长约 1 m；小羽片互生，近无柄，披针形，有裂片 50～60 对。叶片厚纸质，上面绿色，下面灰绿色，两面被星状毛，易脱落。孢子囊群圆形，在裂片主脉两侧各排成 1 行。
生于山地林缘。

曲轴海金沙 *Lygodium flexuosum* (L.) Sw.

海金沙科 Lygodiaceae　海金沙属 *Lygodium*

多年生藤本，攀援达 7 m。叶轴细长，羽片多数，能育叶与不育叶同形，对生，两侧平展，羽片三角状椭圆形，长 15～25 cm，羽轴多少向左右弯曲；一回小羽片 3～5 对，互生或对生；末回裂片 1～3 对，无关节，叶缘有细锯齿。孢子囊穗线形，棕褐色。

生于疏林下、路旁或灌丛中。

海金沙 *Lygodium japonicum*（Thunb.）Sw.

海金沙科　Lygodiaceae　海金沙属　*Lygodium*

多年生缠绕草质藤本，可攀达 1～5 m。根茎横走，生有黑褐色节毛。能育叶和不育叶近二型；不育叶羽片三角形，二至三回羽状：一回小羽片 2～4 对，卵圆形；二回小羽片 2～3 对，三角状卵形，互生，掌状 3 裂；末回裂片短阔，有浅圆锯齿，无关节；能育叶羽片卵状三角形。孢子囊穗生于孢子叶羽片的边缘，排列成流苏状，暗褐色。

多生于山坡林边、灌木丛或草地中。

小叶海金沙　*Lygodium microphyllum*（Cav.）R. Br.

海金沙科　Lygodiaceae　海金沙属　*Lygodium*

多年生藤本，可攀达 5～7 m。叶纸质；叶轴纤细，二回羽状；羽片多数，对生于叶轴的距上；小羽片的柄端有关节。不育羽片长圆形，生叶轴下部，有柄，一回羽状分裂，小羽片约 4 对，互生，卵状三角形、阔披针形或长圆形；能育羽片长圆形，常奇数羽状，小羽片 9～11 片，互生，三角形或卵状三角形，叶缘生有线形的孢子囊穗，暗褐色。

生于山地路旁或灌丛中。

金毛狗 黄狗头 *Cibotium barometz*（L.）J. Sm.
蚌壳蕨科 Dicksoniaceae 金毛狗属 *Cibotium*

植株呈树状，高1～3 m。根状茎粗壮，木质，根状茎露出地面部分密披金色长柔毛，形如金毛狗。叶丛生于茎顶端，柄棕褐色，叶片大，广卵状三角形，三回羽状分裂，末回小羽片狭披针形，裂片边缘有细锯齿。孢子囊生于末回裂片下面小脉的顶端，囊群盖两瓣，呈蚌壳状。

生于山麓沟边及林下阴处酸性土上，是热带、亚热带酸性土壤的指示植物。

黑桫椤 *Gymnosphaera podophylla*（Hook.）Copel.

桫椤科　Cyatheaceae　黑桫椤属　*Gymnosphaera*

　　树状蕨类，植株高 1～3 m。叶簇生；叶柄紫红色，被黑色的长鳞片，有光泽；叶片一至二回羽状，羽片互生，斜展，有柄，椭圆披针形；小羽片互生，有短柄，线状披针形，近全缘或有疏浅锯齿或波状圆齿；叶脉两面均隆起。孢子囊群着生于小脉近基部，在小羽轴两侧各有 2～3 行，无囊群盖。

　　生于林下。

乌蕨 乌韭 金花草 *Odontosoria chinensis*（L.）J. Sm.

鳞始蕨科 Lindsaeaceae 乌蕨属 Odontosoria

多年生常绿草本，高 30～80 cm。根状茎短而横走，粗壮，密被赤褐色的钻状鳞片。叶近生，深绿色，柄禾秆色；叶片披针形或长圆披针形，四回羽状细裂；羽片 15～20 对，互生，斜展，有短柄，卵状披针形；末回裂片三角状披针形，顶端平截并有钝齿。孢子囊群边缘着生，每裂片上 1～2 枚。

生于林下、山坡路旁或灌丛阴湿地。

井栏边草 凤尾草 *Pteris multifida* Poir.

凤尾蕨科 Pteridaceae   **凤尾蕨属** *Pteris*

多年生常绿草本，高 30~45 cm。根状茎短而直立，先端被黑褐色鳞片。叶二型，簇生；不育叶卵状长圆形，较宽，一回羽状，羽片通常 3 对，对生，叶缘有不整齐的尖锯齿；能育叶有较长的柄，狭线型，一回羽状，羽片 4~6 对，仅不育部分具锯齿，余均全缘；除基部一对叶有柄外，其余各对基部下延，在叶轴两侧形成狭翅。孢子囊群线形，沿孢子叶羽片下面边缘着生。

生于墙壁、石灰岩缝隙或灌丛中。

半边旗　*Pteris semipinnata* L.

凤尾蕨科　Pteridaceae　凤尾蕨属　*Pteris*

多年生草本，高 30～80 cm。根状茎长而横走，先端及叶柄基部被褐色鳞片。叶簇生；叶柄连同叶轴均为栗红色，有光泽；能育叶长圆形或长圆状披针形，二回半边羽状深裂；其羽片三角形或半三角形，上侧全缘，下侧羽裂几达羽轴，仅不育部分的叶缘有尖锯齿；不育叶同形，全有锯齿。孢子囊群沿叶背面边缘着生，线形。

生于林下、溪边。

蜈蚣草 *Pteris vittata* L.

凤尾蕨科　Pteridaceae　凤尾蕨属　*Pteris*

多年生草本，植株高 30～100 cm。根状茎直立，密被黄褐色鳞片。叶簇生，薄革质；叶柄坚硬；叶片倒披针状长圆形，一回羽状，侧生羽片 30～50 对；小羽片条状披针形，无柄，先端渐尖，基部两侧多少呈耳形。孢子囊群在小叶背面边缘，线形排列。

生于山坡草地、路旁和石灰岩缝隙间或墙壁上，为钙质土及石灰岩的指示植物。

扇叶铁线蕨 *Adiantum flabellulatum* L.
铁线蕨科 Adiantaceae　**铁线蕨属** *Adiantum*

　　多年生草本，高20～45 cm。根状茎短而直立，密披亮棕色披针形鳞片。叶簇生，叶柄紫黑色，有光泽；叶片扇形，长10～25 cm，2～3回不对称的二歧分裂；小羽片8～15对，互生，羽片斜方形或团扇形，有短柄；叶脉多回二歧分叉。孢子囊群横生于裂片上缘或外缘。

　　生于林下、林缘及灌丛中。

华南毛蕨 *Cyclosorus parasiticus* (L.) Farw.

金星蕨科 Thelypteridaceae　毛蕨属 *Cyclosorus*

多年生草本，高30～80 cm。根状茎横走，被棕色披针形鳞片。叶近生或有时远生；叶柄长约40 cm，略有柔毛；叶片两面均被毛，长圆状披针形，下面沿叶脉密生橙红色腺体，顶端渐尖并二回羽裂；羽片12～16对。孢子囊群圆形，生于侧脉中部以上，囊群盖密生柔毛。

生于林缘、沟边或路旁。

乌毛蕨 *Blechnum orientale* L.

乌毛蕨科　Blechnaceae　乌毛蕨属　*Blechnum*

多年生草本，高 0.5～2 m。根状茎直立，粗短。叶簇生；叶柄棕禾秆色，坚硬，上有纵沟；叶片长圆披针形，长可达 1 m，一回羽状；羽片多数，互生，全缘，无柄，斜展，线形或线状披针形。孢子囊群线形，紧靠主脉两侧，与主脉平行。

生于山坡灌丛或疏林下。

中华复叶耳蕨 *Arachniodes chinensis*（Rosenst.）Ching

鳞毛蕨科　Dryopteridaceae　复叶耳蕨属　*Arachniodes*

　　植株高 40～45 cm。根状茎短而横走。叶近生；叶柄禾秆色；叶片卵状三角形，顶端长三角形，渐尖头，二至三回羽状；羽片 6～8 对，基部一对最大，三角状披针形；小羽片有短柄，互生，镰刀状披针形，边缘具短芒刺状锯齿。孢子囊群生中脉与叶缘之间；囊群盖圆肾形，棕色。

　　生于山地林下。

伏石蕨　*Lemmaphyllum microphyllum* C. Presl

水龙骨科　Polypodiaceae　伏石蕨属　*Lemmaphyllum*

　　小型附生草本。根状茎细长而横走。叶远生，二型；不育叶近无柄，或仅有 2～4 mm 的短柄，叶片卵圆形或近圆形，全缘；能育叶叶柄长 3～8 mm，叶片呈舌形或狭披针形。孢子囊群线形，位于主脉和叶边之间。

　　生于林下，附生于林中树干上或岩石上。

江南星蕨 *Neolepisorus fortunei*（T. Moore）Li Wang

水龙骨科 Polypodiaceae　　**盾蕨属** *Neolepisorus*

中型附生草本。根状茎长而横走，先端被棕褐色鳞片。叶远生；叶柄禾秆色，上面有浅沟，基部疏被鳞片，向上近光滑；叶片厚纸质，线状披针形，基部下延于叶柄并形成狭翅，全缘。孢子囊群大，圆形，近主脉各成1行或不整齐的2行排列。

生于林下，附生于树干上或岩石上。

石韦 *Pyrrosia lingua* (Thunb.) Farw.

水龙骨科　Polypodiaceae　石韦属　*Pyrrosia*

　　多年生常绿草本，高 10～30 cm。根状茎如粗铁丝，长而横走，密生褐色针形鳞片。叶远生，革质，近二型；能育叶和不育叶的叶片均长于叶柄；不育叶近长圆形或长圆披针形，厚革质，先端短渐尖，侧脉明显，下面密被星状毛；能育叶常远比不育叶高而狭窄。孢子囊群椭圆形，在侧脉间紧密而整齐地排列，布满整个叶片下面，或聚生于叶片的上半部。

　　生于林下，附生于岩石上或树干上。

裸子植物
GYMNOSPERMS

马尾松 *Pinus massoniana* Lamb.
松科　Pinaceae　松属　*Pinus*

　　常绿乔木，高达45 m。树皮红褐色或下部灰褐色，裂成不规则的鳞状块片。针叶2针一束，细长而柔软，叶鞘宿存。雄球花生于新枝下部，淡红褐色，圆柱形，弯垂；雌球花单生或2～4朵聚生于新枝顶端，淡紫红色。球果卵圆形，鳞盾菱形。

　　花期4—5月，球果成熟期翌年10—12月。

　　生于山地疏林中。

鸡毛松 *Dacrycarpus imbricatus* var. *patulus* de Laubenf.
罗汉松科　Podocarpaceae　鸡毛松属　*Dacrycarpus*

　　常绿乔木或灌木。树干通直，树皮灰褐色，枝条开展或下垂。叶二型；幼树或幼枝上叶线型，似鸡毛，排成2列；老枝上叶鳞片状，螺旋状排列。雄球花穗状，生于小枝顶端；雌球花单生或成对生于小枝顶端。种子成熟时红色，生于肉质种托上。
　　花期4月，种子成熟期10月。
　　鼎湖山有栽培。

长叶竹柏 *Nageia fleuryi* (Hickel) de Laubenf.
罗汉松科 Podocarpaceae **竹柏属** *Nageia*

常绿乔木。叶椭圆形或宽披针形，2列，厚革质，交互对生或近对生，长8～18 cm，宽2.2～5 cm，无中脉而有多数细平行脉。雄球花3～6个簇生于叶腋；雌球花单生于叶腋。种子球形，成熟时假种皮蓝紫色。

花期3—4月，种子成熟期10—11月。

常散生于常绿阔叶林中，在鼎湖山作为行道树栽培。

小叶买麻藤　*Gnetum parvifolium*（Warb.）W. C. Cheng

买麻藤科　Gnetaceae　买麻藤属　*Gnetum*

　　常绿木质藤本。茎枝常较细弱，皮孔较明显，嫩枝有膨大的节。单叶对生，叶椭圆形、狭椭圆形或长倒卵形，革质，长4～10 cm，宽2.5 cm，先端急尖或渐尖而钝，稀钝圆，基部宽楔形或微圆，侧脉细，在叶面不明显，在叶背隆起。雄球花序有5～10（～12）轮环状总苞；雌球花序多生于老枝上，雌球花穗细长，每轮总苞内有雌花5～8朵。成熟种子假种皮红色，长椭圆形，无种柄或近无柄。

　　花期4—6月，种子成熟期7—11月。

　　生于林中。

被子植物
ANGIOSPERMS

假鹰爪　酒饼叶　*Desmos chinensis* Lour.

番荔枝科　Annonaceae　**假鹰爪属**　Desmos

蔓性或攀援灌木。除花外，全株无毛。树皮粗糙，有纵条纹和灰白色凸起的皮孔。单叶互生，叶柄长 3～8 mm，叶片薄纸质或膜质，长圆形或椭圆形，稀宽卵形，基部圆或稍偏斜，先端钝或急尖，叶面亮绿色，叶背粉绿色，侧脉每边 7～12 条，在叶背凸起。花黄色，单朵与叶对生或腋上生，花瓣 6 枚，两轮，外轮花瓣较大。果有柄，念珠状。

花期 4—10 月，果期 6—12 月。

生于山地路旁、林缘或灌丛中。

白叶瓜馥木 *Fissistigma glaucescens* (Hance) Merr.

番荔枝科　Annonaceae　瓜馥木属　*Fissistigma*

木质藤本。除花序外，全株无毛。叶互生，叶片近革质，长圆形或长圆状椭圆形，有时倒卵状长圆形，基部圆或钝，先端圆或微凹，稀钝，边缘全缘，叶背绿白色。花序为顶生聚伞圆锥花序，密被黄色短绒毛。果圆球状。

花期1—9月，果期3—12月。

生于山地疏林、灌丛或沟谷。

紫玉盘 *Uvaria macrophylla* Roxb.

番荔枝科　Annonaceae　紫玉盘属　*Uvaria*

　　直立或藤状灌木。全株幼嫩部位均被黄色星状柔毛，老渐无毛或几无毛。单叶互生，叶片革质，长椭圆形或倒卵状椭圆形，先端急尖或钝，基部近心形、截形或圆形，侧脉在叶面凹陷，叶背凸起。花1～2朵与叶对生，暗紫红色。果卵圆形或短圆柱状。

　　花期3—8月，果期7月至翌年3月。

　　生于山地疏林或灌木丛中。

厚壳桂 *Cryptocarya chinensis*（Hance）Hemsl.

樟科　Lauraceae　厚壳桂属　*Cryptocarya*

　　常绿大乔木，高达20 m。树皮暗灰色，粗糙。小枝初有绒毛，后脱落。叶互生或近对生，叶片革质，狭椭圆形，上面深绿而有光泽，下面苍白色，离基3出脉。圆锥花序腋生或顶生，花淡黄色。果球形或扁球形，成熟后紫黑色。

　　花期4—5月，果期8—12月。

　　生于常绿阔叶林中。

黄果厚壳桂 生虫树 *Cryptocarya concinna* Hance

樟科　Lauraceae　厚壳桂属　*Cryptocarya*

乔木。幼枝被黄褐色绒毛。叶互生，叶片薄革质或纸质，椭圆状长圆形或长圆形，基部常不对称，上面深绿色，无毛，下面苍白色，被柔毛，侧脉4～7对。圆锥花序腋生及顶生；花被片两面被柔毛，淡绿色，花被筒近钟形。果狭卵球形，成熟时黑色或蓝黑色。

花期3—5月，果期6—12月。

生于常绿阔叶林中。

鼎湖钓樟 陈氏钓樟 *Lindera chunii* Merr.

樟科 Lauraceae **山胡椒属** *Lindera*

　　常绿灌木或小乔木。小枝柔弱，幼枝被毛。叶互生，椭圆形至椭圆状披针形，顶端尾状渐尖，离基3出脉，上面深绿色，下面密生金黄色或锈色贴伏柔毛，有光泽。伞形花序数个簇生于叶腋内短枝上，花被片黄或绿黄色。果椭圆形。

　　花期2—3月，果期8—9月。

　　生于常绿阔叶林中或山地路旁。

山苍子 山鸡椒 *Litsea cubeba* (Lour.) Pers.

樟科 Lauraceae   木姜子属 *Litsea*

　　落叶灌木或小乔木，枝、叶有香气。叶互生，叶片纸质，叶片长圆形、披针形或椭圆形，先端渐尖或急尖，基部楔形，上面深绿色，下面灰绿色，羽状脉；叶柄纤细，无毛。伞形花序单生或簇生于叶腋或枝条上，先开花后长叶或与叶同时开放，淡黄白色。果球形，成熟时黑色。

　　花期2—3月，果期7—8月。

　　生于向阳的山地、灌丛、疏林或林中路旁。

假柿木姜子　*Litsea monopetala*（Roxb.）Pers.

樟科　Lauraceae　木姜子属　*Litsea*

　　常绿乔木。小枝、叶柄及叶片下面均密被锈色短柔毛。叶互生，薄革质，阔卵形或倒卵形至卵状长圆形，与柿叶非常相似，羽状脉，侧脉每边 8～12 条。伞形花序 2 个至数个簇生叶腋，花被裂片黄白色。果长卵球形。

　　花期 11 月至翌年 6 月，果期翌年 6—7 月。

　　生于山地林中。

豺皮樟 *Litsea rotundifolia* Hemsl. var. *oblongifolia* (Nees) Allen

樟科　Lauraceae　木姜子属　*Litsea*

常绿灌木或小乔木。树皮和嫩枝灰褐色，无毛或近无毛。叶互生，叶片薄革质，卵状长圆形，基部楔形，先端钝或短渐尖，上面亮绿色，下面粉绿色，无毛。伞形花序常3个聚生叶腋，几无总梗。果球形，成熟时蓝黑色。

花期8—9月，果期9—11月。

生于山地林中。

华润楠 *Machilus chinensis*（Champ. ex Benth.）Hemsl.

樟科 Lauraceae 润楠属 *Machilus*

常绿乔木。树皮灰褐色，小枝黑褐色，幼时被柔毛。叶互生，常聚生于小枝顶部，叶柄长6～14 mm，叶片倒卵状长椭圆形至长椭圆状倒披针形，革质，先端钝或短渐尖，基部楔形，中脉在叶背面凸起，侧脉不明显，每边有7～8条。圆锥花序顶生，花白色。果球形，成熟时黑色。

花期10—11月，果期翌年2月。

生于山地阔叶林中。

广东润楠 *Machilus kwangtungensis* Yang

樟科　Lauraceae　润楠属　*Machilus*

乔木。树皮灰褐色，幼枝密被锈色绒毛，老枝黑褐色，无毛。叶对生，革质，长椭圆形或倒披针形，长6～11 cm，先端短渐尖至渐尖，基部楔形，上面深绿色，下面淡绿色，被贴伏短柔毛，中脉在下面凸起，在上面凹下，侧脉每边10～12条。圆锥花序生于当年生枝条下部，被灰黄色短柔毛，花被片两面被淡灰黄色短柔毛。果近球形，成熟时黑色。

花期3—4月，果期5—7月。

生于山坡或谷地疏林中。

绒毛润楠 *Machilus velutina* Champ. ex Benth.

樟科 Lauraceae **润楠属** *Machilus*

　　常绿乔木。树皮灰褐色。小枝灰绿色，枝、芽、叶片下面和花序各部均密被锈色绒毛。叶互生，叶片狭倒卵形、椭圆形至狭卵形，革质，先端渐尖或短渐尖，基部楔形，边缘略反卷，有光泽，侧脉 8～11 对，中、侧脉均在上面略凹陷。圆锥花序单生或数个集生于小枝顶端，花序梗极短，花浅黄色。果球形，成熟时紫红色至紫黑色。
　　花期 10—12 月，果期翌年 2—3 月。
　　生于山地阔叶林中。

粪箕笃 *Stephania longa* Lour.

防己科　Menispermaceae　千金藤属　*Stephania*

草质藤本，除花序外全株无毛。枝纤细，有条纹。单叶互生，叶片纸质，三角状卵形，先端钝，有小凸尖，基部近截平或微圆，很少微凹，上面深绿色，下面淡绿色，有时粉绿色，掌状脉10～11条；叶柄盾状着生，基部常扭曲。复伞形聚伞花序腋生，花小，花瓣淡绿黄色。核果阔倒卵球形，红色。

花期春末夏初，果期秋季。

生于灌丛或林缘。

草胡椒 *Peperomia pellucida*（L.）Kunth

胡椒科 Piperaceae   草胡椒属 *Peperomia*

　　一年生肉质草本。茎直立或基部有时平卧，有分枝，无毛，下部节上常生不定根。叶互生，膜质，半透明，阔卵形或卵状三角形，长和宽近等，基部心形，两面均无毛。穗状花序顶生于茎上端，与叶对生，淡绿色。浆果球形。

　　花期4—6月，果期7—10月。

　　逸生于林中湿地、石缝中或墙脚下。

山蒟 *Piper hancei* Maxim.

胡椒科 Piperaceae   **胡椒属** *Piper*

攀缘木质藤本。茎枝有纵棱，节上常生不定根。叶互生，叶片厚纸质或近革质，叶背苍白色，卵状披针形或椭圆形，基部渐狭或楔形，有时钝，叶脉 5～7 条。花单性，雌雄异株，组成与叶对生的穗状花序，雄花序长 6～10 cm，雌花序长 3～4 cm，常生于小枝上部至顶部。核果球形，黄色。

花期 3—8 月。

生于林中树上或石上。

假蒟　*Piper sarmentosum* Roxb.

胡椒科　Piperaceae　胡椒属　*Piper*

多年生草本。茎匍匐，逐节生根。小枝近直立，无毛或幼时被粉状短柔毛。叶互生，叶片近膜质，具细腺点；生于茎基部的叶阔卵形或近圆形；生于茎上部的叶较小，卵形或卵状披针形。花单性，雌雄异株，聚集成与叶对生的穗状花序。核果近球形。

花期4—11月。

生于林下、路旁。

草珊瑚 鸡爪兰 九节茶 *Sarcandra glabra* (Thunb.) Nakai
金粟兰科 Chloranthaceae 金粟兰属 *Sarcandra*

常绿亚灌木。茎多分枝,节膨大。叶对生,叶片革质或纸质,椭圆形至卵状披针形,边缘具粗锐锯齿,齿尖有一腺体,两面均无毛。穗状花序顶生,常分枝,花黄绿色。核果球形,成熟时亮红色。

花期6月,果期8—10月。

生于山地疏林下或山谷林中。

黄叶树 青蓝 *Xanthophyllum hainanense* Hu

远志科 Polygalaceae 黄叶树属 *Xanthophyllum*

常绿乔木。树皮暗灰色，具细纵裂，小枝圆柱形，纤细，无毛。单叶互生，叶片革质，卵状椭圆形至长圆状披针形，先端长而渐尖，基部楔形至钝，全缘，有黄色而厚的边缘，两面均无毛，绿色，干后黄绿色，主脉及侧脉在两面突起。总状花序或小型圆锥花序腋生或顶生，花小，芳香，花瓣黄白色。核果球形，淡黄色。

花期3—5月，果期4—7月。

生于林中。

杠板归 刺犁头 贯叶蓼 *Polygonum perfoliatum* L.

蓼科 Polygonaceae **蓼属** *Polygonum*

一年生草本。茎攀援，多分枝，具纵棱，沿棱具稀疏的倒生皮刺。叶互生，叶片三角形，先端钝或微尖，基部截形或微心形，薄纸质，上面无毛，下面沿叶脉疏生皮刺；叶柄与叶片近等长，具倒生皮刺，盾状着生于叶片的近基部；托叶鞘叶状，草质，绿色，圆形或近圆形，穿叶。总状花序呈短穗状，顶生或腋生，花被5深裂，白色或淡红色，花被片椭圆形，果时增大，呈肉质，深蓝色。瘦果球形，包藏于宿存的花被内，黑色，有光泽。

花期6—8月，果期7—10月。

生于荒地、山地路旁或灌丛中。

土沉香　白木香　*Aquilaria sinensis*（Lour.）Spreng.

瑞香科　Thymelaeaceae　沉香属　Aquilaria

　　常绿乔木。树皮暗灰色，平滑，易剥落。小枝幼时被疏柔毛。叶互生，叶片近革质，椭圆形、长圆形、倒卵形至倒卵状椭圆形，先端渐尖或骤尖，基部宽楔形或楔形，上面暗绿色或紫绿色，光亮，下面淡绿色，两面均无毛。伞形花序腋生或顶生，花黄绿色，芳香。蒴果卵球形。

　　花期3—5月，果期6—10月。

　　生于林中。

了哥王 *Wikstroemia indica* (L.) C. A. Mey.

瑞香科　Thymelaeaceae　荛花属　*Wikstroemia*

　　小灌木，高 0.3～1.5 m。小枝红褐色，与叶柄和叶片的两面均无毛。叶对生，叶柄甚短，叶片坚纸质，卵形、倒卵形、倒卵状椭圆形，少有狭椭圆形，先端圆或钝，少有急尖，基部楔形，稀圆或渐狭，边缘全缘，两面均黄绿色。总状花序近伞房状，顶生，花黄绿色。果卵球形，成熟时红色至暗紫色。

　　花期 4—8 月，果期 8—10 月。

　　生于山坡林下、灌丛中或路旁。

网脉山龙眼 *Helicia reticulata* W. T. Wang

山龙眼科　Proteaceae　山龙眼属　*Helicia*

常绿小乔木或灌木。树皮灰色。仅嫩芽被褐色柔毛，不久毛脱落。叶互生，叶片革质或近革质，长圆形、卵状长圆形或倒卵形，先端短渐尖、急尖或钝，基部楔形，边缘具疏锯齿或细齿，侧脉和中脉两面均凸起，网脉两面均明显。总状花序腋生或生于小枝已落叶腋部，花被白色或浅黄色。坚果椭圆状球形，成熟时黑色。

花期5—7月，果期10—12月。

生于山地湿润阔叶林中。

锡叶藤 *Tetracera sarmentosa*（L.）Vahl

五桠果科　Dilleniaceae　锡叶藤属　Tetracera

　　常绿木质大藤本，长达20 m或更长。茎多分枝，枝条幼嫩时被毛，老枝秃净。单叶互生，叶片长圆形、长圆状倒卵形或长圆状椭圆形，稀卵形或圆形，革质，先端急尖或钝，基部圆或宽楔形，边缘全缘或有波状小齿，两面粗糙似砂纸。圆锥花序顶生和腋生，花白色，极香。蓇葖果长圆状卵形，橙黄色而光亮。

　　花期4—11月，果期7—12月。

　　生于山地路旁、疏林、密林中或灌丛中。

绞股蓝 *Gynostemma pentaphyllum* (Thunb.) Makino

葫芦科 Cucurbitaceae 绞股蓝属 *Gynostemma*

攀援草质藤本。茎细弱，多分枝，具纵棱及槽。卷须纤细，通常2歧分枝。叶互生，叶片鸟足状，具3～9小叶，通常5～7小叶，小叶片膜质或纸质，椭圆形、狭椭圆形或披针形，先端急尖或短渐尖，基部渐狭，边缘有波状齿或疏圆齿，上面深绿色，背面淡绿色，两面疏被短硬毛，老后变无毛。花小，雌雄异株，花冠淡绿色或白色。果球形，成熟时黑色。

花期3—11月，果期4—12月。

生于林中、水沟旁、灌丛或路边草丛中。

本种与乌蔹莓的主要区别：绞股蓝茎蔓是绿色的，乌蔹莓茎蔓是褐红色的；绞股蓝的卷须生于叶腋，而乌蔹莓的卷须与叶对生；绞股蓝的同一个藤蔓上叶的小叶数量是不同的，而乌蔹莓的同一个藤蔓上叶的小叶片数是相同的，只有5片小叶。

紫背天葵 *Begonia fimbristipula* Hance

秋海棠科　Begoniaceae　秋海棠属　*Begonia*

多年生草本，通常无地上茎。根状茎球状，直径7～8 mm，具多数纤维状根。叶基生，通常1片，具长柄，叶片卵状心形，先端急尖或渐尖状急尖，基部略偏斜，心形至深心形，边缘有大小不等三角形重锯齿，有时呈缺刻状，叶背紫色，沿叶脉被粗毛。花单性同株，2～4朵花组成聚伞状花序，明显超过叶片；花粉红色，微香。蒴果三角形，有3枚不等大的翅。

花期5月，果期6月。

生于山谷湿润的石壁上。

裂叶秋海棠　*Begonia palmata* D. Don

秋海棠科　Begoniaceae　秋海棠属　*Begonia*

多年生草本，具粗长平卧的根状茎。茎直立，有明显沟纹，多数被毛。叶互生，斜卵形或偏圆形，基部微心形至心形，边缘有疏齿，常状3～7裂，上面深绿色，下面淡绿色。聚伞状花序腋生或顶生，花粉红色或白色。蒴果下垂，倒卵球形，具不等3翅。

花期6—8月，果期7—9月。

生于林下潮湿地、山谷潮湿的岩壁上。

木荷 荷木 荷树 *Schima superb* Gardn. et Champ.
山茶科 Theaceae 木荷属 *Schima*

常绿乔木。小枝具白色皮孔，嫩枝通常无毛。叶互生，叶片薄革质或革质，椭圆形，长 7~12 cm，先端尖，有时略钝，基部楔形，边缘有钝齿，侧脉 7~9 对，在两面明显。花单生于叶腋或多花聚生于枝顶叶腋，白色，芳香。蒴果近球形。

花期 6—8 月，果期 10—12 月。

生于山地林中或路旁。

水东哥 *Saurauia tristyla* DC.

猕猴桃科　Actinidiaceae　水东哥属　*Saurauia*

灌木或小乔木。小枝无毛或被绒毛，被爪甲状鳞片或钻状刺毛。单叶互生，叶片纸质或薄革质，倒卵状椭圆形、倒卵形、长卵形，稀阔椭圆形，先端短渐尖至尾状渐尖，基部楔形至宽楔形，叶缘具刺状锯齿，稀为细锯齿。聚伞花序1～4枚簇生于叶腋或老枝落叶叶腋，花粉红色或白色。浆果球形，白色、绿色或淡黄色。

花期5—10月，果期8—12月。

生于山谷林下或沟谷溪边。

岗松 *Baeckea frutescens* L.

桃金娘科 Myrtaceae　**岗松属** *Baeckea*

灌木，稀为小乔木。多分枝，嫩枝纤细，无毛。叶对生，无柄或有短柄，叶片狭条形，先端尖，上面有槽，下面隆起，有透明油腺点。花小，白色，单生叶腋。蒴果小，近球形。

花期5—8月，果期7—10月。

生于山坡灌丛中。

水翁　*Cleistocalyx nervosum*（DC.）Kosterm.

桃金娘科　Myrtaceae　水翁属　*Cleistocalyx*

　　乔木，高 10 ~ 15 m。树皮灰褐色，呈块状剥落。树干多分枝，嫩枝压扁。叶对生，叶片薄革质，长圆形至椭圆形，先端急尖或渐尖，基部阔楔形或略圆，两面多透明腺点。圆锥花序生于无叶的老枝上，稀生于叶腋或顶生。浆果近球形，成熟时深红色至紫黑色。

　　花期 5—7 月，果期 7—8 月。

　　生于山谷水旁。

桃金娘 岗稔 *Rhodomyrtus tomentosa*（Ait.）Hassk.
桃金娘科 Myrtaceae 桃金娘属 *Rhodomyrtus*

灌木。嫩枝被灰白色柔毛。叶对生，叶片革质，椭圆形或倒卵形，先端钝或圆，常微凹，稀短渐尖，基部阔楔形或楔形，边缘全缘，具离基3出脉，网脉明显，上面初时有毛，以后变无毛，发亮，下面有灰色绒毛。花1～3朵腋生，常单生，初开时玫瑰红色，后渐变白色。浆果卵状壶形，成熟时紫黑色。

花期4—6月，果期6—9月。

生于向阳山坡灌丛，为酸性土指示植物。

红鳞蒲桃　红车　*Syzygium hancei* Merr. et Perry
桃金娘科　Myrtaceae　蒲桃属　*Syzygium*

　　灌木或乔木，全株无毛。树皮老时暗红色，纵向剥裂。嫩枝圆柱形，红褐色，干后变黑褐色。叶对生，叶片革质，椭圆形、狭长圆形或倒卵形，先端渐尖或骤尖，有时微凹，基部阔楔形或楔形，上面有多数细小而下陷的腺点。聚伞圆锥花序腋生或顶生，花瓣白色。果球形。

　　花期6—9月，果期7—11月。

　　生于疏林或灌丛中。

蒲桃 *Syzygium jambos* (L.) Alston

桃金娘科　Myrtaceae　蒲桃属　*Syzygium*

　　乔木。主干短，广分枝。叶对生，叶片革质，披针形或长圆形，先端长渐尖，基部阔楔形，叶面多透明细小腺点。聚伞花序顶生，花白色。果球形，果皮肉质，成熟时黄色，中空，内有种子1～2颗。

　　花期3—4月，果期5—6月。

　　生于溪边。

山蒲桃 白车 *Syzygium levinei* (Merr.) Merr. et Perry
桃金娘科 Myrtaceae　**蒲桃属** *Syzygium*

　　常绿灌木或乔木。树皮浅灰褐色，嫩枝圆柱形，被糠秕状短毛，干后灰白色。叶对生，叶片革质，椭圆形或卵状椭圆形，先端急锐尖，基部阔楔形，两面均有细小腺点。圆锥花序顶生和生于上部叶腋，花为白色。果近球形。

　　花期7—9月，果期8—11月。

　　生于疏林中。

柏拉木 *Blastus cochinchinensis* Lour.

野牡丹科 Melastomataceae　柏拉木属 Blastus

　　灌木。茎圆柱形，多分枝，幼时密披黄褐色小鳞片。叶对生，叶片薄纸质，披针形至狭椭圆状披针形，先端渐尖，基部楔形，边缘全缘或具极不明显的小浅波状齿，具5基出脉，侧脉平行，网脉明显。伞状聚伞花序腋生，花冠白色或粉红色。蒴果椭圆形。

　　花期6—8月，果期10—12月。

　　生于林下、山谷或溪边。

多花野牡丹 *Melastoma affine* D. Don

野牡丹科　Melastomataceae　野牡丹属　*Melastoma*

　　灌木，高约1m。茎钝四棱形或近圆柱形，分枝多，密被紧贴的鳞片状糙伏毛。叶对生，叶片坚纸质，披针形、卵状披针形或近椭圆形，先端渐尖，基部圆形或近楔形，边缘全缘，基出脉5，叶面密被糙伏毛，基出脉下凹，背面被糙伏毛及密短柔毛，基出脉隆起，侧脉微隆起，脉上糙伏毛较密。伞房花序生于分枝顶端，近头状，有花10朵以上，花瓣粉红色至红色，稀紫红色。蒴果坛状球形。

　　花期2—5月，果期8—12月，稀1月。

　　生于林下或路边灌草丛中。

野牡丹 *Melastoma candidum* D. Don

野牡丹科　Melastomataceae　野牡丹属　*Melastoma*

　　灌木。茎钝四棱形或近圆柱形，多分枝，密被紧贴的鳞片状糙伏毛。叶对生，叶片坚纸质，卵形或广卵形，先端急尖，基部浅心形或近圆形，全缘，基出脉7，两面有毛。伞房花序生于分枝顶端，近头状，有花3～5朵，稀单生，花瓣玫瑰红色或粉红色。蒴果坛状球形。

　　花期5—7月，果期9—12月。

　　生于向阳山坡或路边灌草丛中。

地菍 *Melastoma dodecandrum* Lour.

野牡丹科　Melastomataceae　野牡丹属　*Melastoma*

小灌木。茎匍匐上升，多分枝，披散，逐节生根，幼时被糙伏毛，以后无毛。叶对生，叶片坚纸质，卵形或椭圆形，先端急尖，基部广楔形，边缘全缘或具密浅细锯齿，基出脉3～5。聚伞花序顶生，有花1～3朵，花瓣淡紫红色至紫红色。果坛状球形，肉质，成熟时紫黑色。

花期5—7月，果期7—9月。

生于山坡矮草丛中。

展毛野牡丹 肖野牡丹 *Melastoma normale* D. Don

野牡丹科 Melastomataceae **野牡丹属** *Melastoma*

灌木。茎钝四棱形或近圆柱形，分枝多，密被平展的长粗毛及短柔毛，毛常为褐紫色。叶对生，叶片坚纸质，卵形至椭圆形或椭圆状披针形，先端渐尖，基部圆形或近心形，边缘全缘，基出脉5，叶面密被糙伏毛，基出脉下凹，侧脉不明显，背面密被糙伏毛及密短柔毛，基出脉隆起，侧脉微隆起。伞房花序生于分枝顶端，具花3~10朵，花瓣紫红色。果坛状球形。

花期3—6月，果期9—11月。

生于山坡灌草丛中或疏林下。

毛菍 *Melastoma sanguineum* Sims

野牡丹科　Melastomataceae　野牡丹属　*Melastoma*

　　大灌木。茎、小枝、叶柄、花梗及花萼均被平展的长粗毛。叶对生，叶片坚纸质，卵状披针形至披针形，先端长渐尖或渐尖，基部钝或圆形，边缘全缘，基出脉5。伞房花序顶生，常仅有花1朵，花大，花瓣粉红色或紫红色。果杯状球形，为密被红色长硬毛的宿存萼所包。

　　花、果期近全年，主要在8—10月。

　　生于草丛或矮灌丛中。

竹节树 *Carallia brachiata*（Lour.）Merr.

红树科　Rhizophoraceae　竹节树属　*Carallia*

　　常绿乔木，高达 10 m，茎基部有时具板状支柱根。树皮灰褐色，有瘤状皮孔。小枝对生，常有膨大的节。单叶对生，叶片革质或近革质，倒披针形、倒卵状长圆形至椭圆形，稀近圆形，先端急尖或短渐尖，基部楔形，下延，边缘全缘或中部以上具不明显的细齿。花序为 2～3 歧的短聚伞花序，腋生，花白色。浆果近球形。

　　花期冬季至翌年春季，果期春夏季。

　　生于山谷溪边、林缘或疏林中。

岭南山竹子 *Carcinia oblongifolia* Champ. ex Benth.

藤黄科　Guttiferae　藤黄属　*Carcinia*

常绿乔木或灌木。树皮深灰色，老枝通常具环纹。单叶对生，叶片近革质，长圆形，倒卵状长圆形至倒披针形，长 5～10 cm，宽 2～3.5 cm，先端急尖或钝，基部楔形，边缘全缘。花单性，异株，单生或组成伞形状聚伞花序，花瓣橙黄色或淡黄色。浆果卵球形或圆球形。

花期 4—5 月，果期 10—12 月。

生于林中。

黄牛木 *Cratoxylum cochinchinense*（Lour.）Bl.

藤黄科 Guttiferae **黄牛木属** *Cratoxylum*

　　落叶乔木或灌木，全株无毛，树干下部有簇生的长枝刺。树皮黄褐色，平滑或有细条纹，似黄牛皮。枝条对生，幼枝略扁，无毛，淡红色。单叶对生，叶片纸质，椭圆形至长椭圆形或披针形，先端骤然锐尖或渐尖，基部钝形至楔形，下面有透明腺点及黑点，中脉在上面凹陷，下面凸起。聚伞花序腋生或腋外生及顶生，花瓣粉红、深红至红黄色。蒴果椭圆形。

　　花期4—5月，果期6月至翌年3月。

　　生于山地林中或灌丛中。

破布叶 布渣叶 *Microcos paniculata* L.

椴树科 Tiliaceae **破布叶属** *Microcos*

灌木或小乔木。树皮粗糙，灰黑色，嫩枝褐红色，有毛。叶互生，具短柄，叶片厚纸质，卵形或卵状长圆形，先端渐尖，基部浑圆，边缘有细锯齿，掌状3出脉，秃净或叶柄及主脉上被星状柔毛；托叶线状披针形。聚伞圆锥花序顶生或生于枝上部叶腋内，被星状柔毛；花瓣黄色。核果近球形或倒卵形，成熟时黑褐色。

花期5—7月，果期7—12月。

生于沟谷林中、林缘及路边灌丛中。

水石榕 *Elaeocarpus hainanensis* Oliv.

杜英科　Elaeocarpaceae　杜英属　*Elaeocarpus*

　　常绿乔木。嫩枝无毛或疏被白色的绢状毛。单叶互生，聚生于枝顶，叶片革质，狭窄倒披针形，先端尖，基部楔形，边缘有钝齿，上面深绿色，下面浅绿色。总状花序生于当年枝的叶腋，花瓣白色，先端流苏状撕裂。核果纺锤形，两端渐尖。

　　花期5—7月，果期7—11月。

　　喜生于低湿处或山谷水边，在鼎湖山树木园等处有栽培。

刺果藤 *Byttneria grandifolia* DC.

梧桐科 Sterculiaceae **刺果藤属** *Byttneria*

常绿木质大藤本。小枝的幼嫩部分被短柔毛。单叶互生,叶片广卵形、心形或近圆形,纸质,先端钝或急尖,基部心形,上面几无毛,下面被白色星状短柔毛,基生脉5条;叶柄长,两端膨大,被毛。花小,淡黄白色,内面略带紫红色。蒴果球形或卵球形,具短而粗的刺。

花期5—7月,果期8—10月。

生于山地疏林、山谷或路旁。

翻白叶树 半枫荷 *Pterospermum heterophyllum* Hance

梧桐科　Sterculiaceae　　翅子树属　*Pterospermum*

　　常绿乔木，树冠伞形，干通直。树皮灰色或灰褐色，小枝被黄褐色短柔毛。叶二型，互生，生于幼树或萌蘖枝上叶的叶柄较长，盾状着生，叶片轮廓近圆形，掌状3～5浅裂至深裂，基部截形而略近半圆形，上面几无毛，下面密被黄褐色星状短柔毛；生于成长树上叶的叶柄较短，叶片长圆形或卵状长圆形，先端渐尖或尾状，基部钝、截形或斜心形，偏斜，边缘全缘，下面密被黄褐色短柔毛。花单生或2～4朵花组成腋生的聚伞花序，花瓣青白色。蒴果木质，长圆状卵形，被黄褐色绒毛。

　　花期6—7月，果期在8—11月。

　　生于山地林中或林缘。

窄叶半枫荷　*Pterospermum lanceifolium* Roxb.

梧桐科　Sterculiaceae　**翅子树属**　*Pterospermum*

　　常绿乔木。树皮黄褐色或灰色，有纵裂纹。小枝幼时被黄褐色绒毛。叶互生，叶片披针形或长圆状披针形，先端渐尖或急尖，基部偏斜或钝，边缘全缘或在顶端有数个锯齿，上面几无毛，下面密被黄褐色或黄白色绒毛。花单生于叶腋，花瓣白色。蒴果木质，矩圆状卵形，被黄褐色绒毛。

　　花期春夏。

　　生于山谷或山坡林中。

假苹婆 *Sterculia lanceolata* Cav.

梧桐科　Sterculiaceae　苹婆属　*Sterculia*

　　常绿乔木。树皮灰褐色，小枝幼时被毛。叶互生，叶片近革质，椭圆形、披针形或椭圆状披针形，先端急尖，基部钝形或近圆形，边缘全缘，叶柄两端膨大。圆锥花序腋生，密集且多分枝，花萼淡红色，无花瓣。蓇葖果成熟时鲜红色，长卵形或长椭圆形，顶端有喙，密被微柔毛。种子黑褐色，椭圆状卵形。

　　花期4—6月，果期8—9月。

　　生于山地林中、林缘或沟谷溪边。

地桃花 肖梵天花 *Urena lobata* L.
锦葵科 Malvaceae 梵天花属 *Urena*

直立亚灌木，小枝被星状绒毛。叶互生，叶片纸质，形状变异较大，茎下部的叶近圆形，先端浅3裂，基部圆形或近心形，边缘具锯齿；中部的叶卵形，基部截形或宽楔形，边缘常有浅裂；上部的叶相对较小，长圆形至披针形，基部圆或宽楔形，边缘不裂或呈波状，较少浅裂；叶上面被柔毛，下面被灰白色星状绒毛；叶柄长1～4 cm，被灰白色星状毛。花小，腋生，粉红色。果扁球形，被星状短柔毛和锚状刺。

花、果期7—11月。

生于旷野草丛、路边或疏林下。

小盘木 *Microdesmis caseariifolia* Planch. ex J. D. Hook.

攀打科　Pandaceae　小盘木属　*Microdesmis*

灌木或小乔木，高3～8 m。树皮粗糙，多分枝，嫩枝密被柔毛，成长枝近无毛。单叶互生，叶片纸质至薄革质，披针形、长圆状披针形或长圆形，先端渐尖或尾状渐尖，基部楔形或阔楔形，边缘具细锯齿或近全缘，两面无毛或嫩叶下面沿中脉疏生微柔毛。花小，黄色，簇生于叶腋。核果球形，成熟时红色。

花期3—9月，果期7—11月。

生于山谷、山坡密林下或灌木丛中。

红背山麻杆 红背叶 *Alchornea trewioides* (Benth.) Müll. Arg.

大戟科 Euphorbiaceae **山麻杆属** *Alchornea*

灌木。小枝被灰白色微柔毛，后变无毛。叶互生，叶片薄纸质，阔卵形，先端急尖或渐尖，基部浅心形或近截平，边缘疏生具腺小齿，下面浅红色，仅沿脉被微柔毛，上面无毛，基出脉3条，脉腋间具斑状腺体4个。花雌雄异株，雄花序穗状，腋生；雌花序总状，顶生。蒴果球形，具3圆棱。

花期3—5月，果期6—8月。

生于山地灌丛中或疏林下。

五月茶 *Antidesma bunius* (L.) Spreng.

大戟科 Euphorbiaceae　**五月茶属** *Antidesma*

乔木。小枝有明显皮孔，无毛。单叶互生，叶片革质或厚纸质，长椭圆形、倒卵形或长倒卵形，先端急尖至圆，有短尖头，基部宽楔形或楔形，边缘全缘，叶面深绿色，常有光泽，叶背绿色。雄花序为顶生的穗状花序，雌花序为顶生的总状花序。核果近球形或椭圆形，成熟时红色。

花期3—5月，果期6—11月。

生于山地疏林中。

银柴 大沙叶 *Aporosa dioica*（Roxb.）Müll. Arg.

大戟科 Euphorbiaceae **银柴属** *Aporosa*

  乔木，在次生林中常呈灌木状。小枝被稀疏粗毛，老渐无毛。叶互生，叶片革质，椭圆形、长椭圆形、倒卵形或倒披针形，先端圆至急尖，基部圆或楔形，边缘全缘或具有稀疏的浅锯齿，上面无毛而有光泽，下面初时仅叶脉上被稀疏短柔毛，老渐无毛；叶柄被稀疏短柔毛，顶端两侧各具1个小腺体；幼枝上托叶2枚，大耳状，绿色。花单性，多朵组成腋生穗状花序。蒴果椭圆状，被短柔毛。
  花、果期几乎全年。
  生于山地疏林中或山坡灌木丛中。

黑面神 鬼画符 *Breynia fruticosa*（L.）Müll. Arg.

大戟科 Euphorbiaceae 黑面神属 *Breynia*

灌木，全株无毛。茎皮灰褐色，枝条上部常呈扁压状，紫红色。叶互生，叶片革质，卵形、阔卵形或菱状卵形，两端钝或急尖，边缘全缘，上面深绿色，经常有不规则的白色痕，下面粉绿色。花小，单生或2～4朵簇生于叶腋内，雌花生于小枝上部，雄花则生于小枝的下部。蒴果圆球形，绿色，宿萼杯状。

花期4—9月，果期5—12月。

生于林中、林缘或灌木丛中。

土蜜树 逼迫子 *Bridelia tomentosa* Bl.

大戟科 Euphorbiaceae **土蜜树属** *Bridelia*

　　常绿灌木或小乔木。树皮深灰色,枝条细长,有橙黄色突出的皮孔。叶互生,叶片纸质或薄革质,长椭圆形至倒卵状长圆形,稀近圆形,先端锐尖至钝,基部宽楔形至近圆,边缘全缘,叶背浅绿色。花单性,雌雄同株或异株,数朵簇生于叶腋,花瓣黄绿色至白色。核果近圆球形,成熟时为黑色。
　　花、果期几乎全年。
　　生于山地疏林中或灌丛中。

飞扬草 大飞扬 *Euphorbia hirta* L.

大戟科 Euphorbiaceae **大戟属** *Euphorbia*

一年生草本，全体有白色乳汁。茎基部膝曲状向上斜升，不分枝或有少数分枝，被粗毛。叶对生，具短柄，叶片长圆状披针形或卵状披针形，先端急尖或钝，基部偏斜，边缘先端有细锯齿，中部以下较少或全缘，上面绿色，下面灰绿色，有时具紫色斑，两面均被粗毛。杯状聚伞花序多数排成紧密的腋生头状花序，花淡绿色或紫色。蒴果卵状三棱形，被贴伏的短柔毛。

花、果期6—12月。

生于路旁、草丛、灌丛及山坡。

毛果算盘子 漆大姑 *Glochidion eriocarpum* Champ. ex Benth.

大戟科 Euphorbiaceae **算盘子属** *Glochidion*

　　灌木。小枝密被淡黄色长柔毛。叶互生，叶片纸质，卵形、狭卵形或宽卵形，先端渐尖或急尖，基部钝、截形或圆形，两面均密被长柔毛。花单生或2～4朵簇生于叶腋内，单性同株，雌花生于小枝上部，雄花则生于小枝下部。蒴果扁球形，密被长柔毛。

　　花、果期几乎全年。

　　生于山地林缘或灌木丛中。

鼎湖血桐 *Macaranga sampsonii* Hance

大戟科 Euphorbiaceae **血桐属** *Macaranga*

灌木或小乔木。嫩枝、叶、花序均被黄褐色绒毛。单叶互生，叶片薄革质，三角状卵形或卵圆形，先端骤长渐尖，基部近截平或阔楔形，浅盾状着生，有时具斑状腺体2个，边缘波状或具粗锯齿，下面被柔毛和颗粒状腺体。花序为圆锥花序。蒴果双球形，具颗粒状腺体。

花期5—6月，果期7—8月。

生于山地或山谷常绿阔叶林中。

白背叶 *Mallotus apelta* (Lour.) Müll. Arg.

大戟科 Euphorbiaceae　**野桐属** *Mallotus*

灌木或小乔木。小枝、叶柄和花序均密被淡黄色星状柔毛和散生橙黄色颗粒状腺体。单叶互生，叶片纸质，卵形或阔卵形，稀心形，先端急尖或渐尖，基部截平或稍心形，边缘具疏齿，上面浅绿，无毛或被疏毛，下面被灰白色星状绒毛；基出脉5条，基部近叶柄处有褐色斑状腺体2个。花雌雄异株，雄花序为不分枝或分枝的圆锥花序或穗状花序，顶生；雌穗状花序顶生或腋生，不分枝。蒴果近球形，密生被灰白色星状毛的软刺。

花期6—9月，果期8—11月。

生于山坡或山谷灌丛中。

白楸 *Mallotus paniculatus*（Lam.）Müll. Arg.

大戟科　Euphorbiaceae　野桐属　*Mallotus*

乔木或灌木。树皮灰褐色，近平滑；小枝、叶柄和花序均密被褐色或黄褐色星状绒毛。叶互生，叶片卵状三角形或菱形，先端长渐尖，基部楔形或阔楔形，边缘波状或近全缘，嫩叶两面均被灰黄色或灰白色星状绒毛，成长叶仅叶背有毛；基出脉5条，基部近叶柄处具斑状腺体2个，叶柄稍盾状着生。花雌雄异株，总状花序或圆锥花序顶生。蒴果扁球形，具3个分果爿，被褐色星状绒毛和疏生钻形软刺。

花期7—10月，果期11—12月。

生于林缘或灌丛中。

小果叶下珠 烂头钵 *Phyllanthus reticulatus* Poir.
大戟科 Euphorbiaceae **叶下珠属** *Phyllanthus*

灌木，高达 5 m。茎直立或攀援，小枝细长，幼枝、叶和花梗均被淡黄色短柔毛或微柔毛。叶互生，托叶钻状三角形，常变为硬刺；叶片膜质至纸质，椭圆形、卵形或卵状椭圆形，稀圆形，先端急尖或钝圆，基部钝圆，有时背面苍白色，叶脉两面明显。通常 2～10 朵雄花和 1 朵雌花簇生于叶腋，稀组成聚伞花序。果球形或近球形。

花期 3—6 月，果期 6—10 月。

生于山地林下或灌木丛中。

叶下珠 *Phyllanthus urinaria* L.

大戟科　Euphorbiaceae　叶下珠属　*Phyllanthus*

　　一年生草本。茎通常直立，基部多分枝，枝倾卧而后上升，具翅状纵棱。单叶互生，叶片纸质，因叶柄扭转而呈羽状排列，长圆形或倒卵形，先端圆、钝或急尖而有小尖头，下面灰绿色；叶柄极短。花雌雄同株，雄花2～4朵簇生于叶腋，通常仅上面1朵开花；雌花单生于小枝中下部的叶腋内。蒴果圆球状，红色。

　　花期4—6月，果期7—11月。

　　生于旷野平地、山地路旁或林缘。

山乌桕 *Triadica cochinchinensis* Lour.
大戟科 Euphorbiaceae 乌桕属 *Triadica*

乔木，全株无毛，具白色乳汁。小枝灰褐色，有皮孔。单叶互生，叶片纸质，嫩时呈淡红色，椭圆形或长卵形，先端钝或短渐尖，基部短狭或楔形，边缘全缘；中脉在两面均凸起，侧脉纤细；叶柄纤细，长2～7 cm，顶端近叶片处具2枚腺体。花单性，雌雄同株，总状花序顶生，雌花生于花序轴下部，雄花生于花序轴上部，或有时全部为雄花。蒴果球形，成熟时黑色。

花期4—6月，果期7—11月。

生于山地疏林中。

桃叶石楠 *Photinia prunifolia* (Hook. et Arn.) Lindl.
蔷薇科 Rosaceae **石楠属** *Photinia*

常绿乔木。小枝无毛，灰黑色，具黄褐色皮孔。单叶互生，叶片革质，长圆形或长圆状披针形，先端渐尖，基部圆形至宽楔形，边缘有具腺的细密锯齿，上面光亮，下面满布黑色腺点，两面均无毛；叶柄长 1～2.5 cm，无毛，常有锯齿状腺体。花多数，密集成顶生复伞房花序，花白色。果实椭圆形，红色。

花期 3—4 月，果期 10—11 月。

生于山地林中。

臀果木　臀形果　*Pygeum topengii* Merr.

蔷薇科　Rosaceae　臀果木属　*Pygeum*

　　常绿乔木，高可达 25 m。树皮深灰色至灰褐色，小枝暗褐色，散生圆形小皮孔，幼时被褐色柔毛，老时无毛。单叶互生，叶片革质，卵状椭圆形或椭圆形，长 6～12 cm，宽 3～5.5 cm，先端短渐尖而钝，基部宽楔形，略不对称，边缘全缘，上面光亮无毛，下面被平伏的褐色柔毛，老时仍有少许毛残留，沿中脉及侧脉毛较密，近基部具 2 枚黑色腺体。总状花序单生或簇生于叶腋。核果状似臀形，深褐色。

　　花期 6—9 月，果期冬季。

　　生于沟谷或山地林中及林缘。

石斑木　春花　车轮梅　*Rhaphiolepis indica*（L.）Lindl.
蔷薇科　Rosaceae　石斑木属　*Rhaphiolepis*

　　常绿灌木，稀小乔木，高可达4 m。小枝圆柱形，幼时被褐色绒毛，老枝无毛。单叶互生，集生于枝顶，叶片革质，卵形、长圆形、倒卵形或长圆状披针形，先端圆钝、急尖、渐尖或长尾尖，基部渐狭连于叶柄，边缘有细钝锯齿，上面光亮，平滑无毛，下面色淡，无毛或被稀疏绒毛，叶脉稍凸起，网脉明显。圆锥花序或总状花序顶生，被褐色绒毛，花瓣白色或淡红色。果球形，成熟时紫黑色。

　　花期2—4月，果期7—8月。

　　生于林下或灌丛中。

粗叶悬钩子　*Rubus alceaefolius* Poir.

蔷薇科　Rosaceae　悬钩子属　*Rubus*

攀援灌木，高达5 m。枝被黄灰色至锈色绒毛状长柔毛，有稀疏皮刺。单叶互生，叶片近圆形或宽卵圆形，先端圆钝，稀急尖，基部心形，上面疏生长柔毛，并有囊泡状小突起，下面密被黄灰色至锈色绒毛，边缘不规则3～7浅裂，裂片圆钝或急尖，有不整齐粗锯齿，通常有5条掌状脉；叶柄被黄灰色至锈色绒毛状长柔毛，疏生小皮刺。狭聚伞圆锥花序或近总状花序顶生，有时花少数簇生于叶腋，稀为单生，花瓣白色。聚合果近球形，肉质，红色。

花期7—9月，果期10—11月。

生于杂木林或灌丛中。

白花悬钩子 *Rubus leucanthus* Hance

蔷薇科　Rosaceae　悬钩子属　*Rubus*

攀援灌木，高1～3 m。小枝褐色至紫褐色，无毛，疏生钩状皮刺。叶为奇数羽状复叶，互生，具3小叶，但生于小枝上部或花序基部的叶常为单叶，小叶革质，卵形或椭圆形，先端渐尖或尾尖，基部圆形，边缘有粗锯齿，两面无毛，或上面疏被柔毛；叶柄、叶轴和小叶柄均具钩状小皮刺。3～8朵花排成伞房状花序，生于侧枝顶端，稀单花生于叶腋，花瓣白色，长卵形或近圆形。聚合果近球形，红色。

花期4—5月，果期6—7月。

生于空旷林地或灌丛中。

海红豆 *Adenanthera microsperma* Teijsm. & Binn.
含羞草科 Mimosaceae **海红豆属** *Adenanthera*

落叶乔木。枝条嫩时密被褐色短柔毛，后变无毛。叶为二回羽状复叶；叶柄和叶轴被微柔毛；羽片3～5对，对生或近对生；每一羽片有小叶7～15片，小叶互生，长圆形或卵形，两端圆钝，两面均被微柔毛，具短柄。总状花序单生于叶腋或在枝顶排成圆锥花序，被短柔毛；花小，白色或黄色，有香味，具短梗。荚果狭长圆形，开裂后果瓣旋卷。种子近圆形至椭圆形，鲜红色，有光泽。

花期4—7月，果期7—10月。

生于山沟、溪边或林中。

天香藤 *Albizia corniculata*（Lour.）Druce

含羞草科　Mimosaceae　合欢属　*Albizia*

攀援灌木或藤本。幼枝密被短柔毛，后渐变无毛。二回羽状复叶；叶柄下常有1枚下弯的粗短刺，在叶柄近基部具1枚压扁的腺体；羽片2～6对，上部1～3对羽片下方的叶轴上有1枚腺体；每一羽片有小叶4～10对，小叶对生，长圆形或倒卵形，顶端极钝或有时微缺，或具硬细尖，基部偏斜。6～12朵花聚成头状花序，再排成顶生或腋生的圆锥花序，花冠白色。荚果带状，扁平。

花期4—7月，果期8—11月。

生于山地旷野或疏林中，常攀附于树上。

猴耳环　*Archidendron clypearia*（Jack）I. C. Nielsen

含羞草科　Mimosaceae　猴耳环属　Archidendron

乔木，高可达 10 m。小枝有明显的棱角，密被黄褐色绒毛。二回羽状复叶，羽片 3～8 对，对生；叶柄与叶轴均有棱并密被黄褐色柔毛，叶轴上及叶柄近基部有腺体，最下部的羽片有小叶 3～6 对，最顶部的羽片有小叶 10～12 对，有时可达 16 对；小叶对生，革质，斜菱形，先端渐尖或急尖，基部近截形，偏斜。头状花序排成顶生和腋生的圆锥花序，花冠白色或淡黄色。荚果成熟时暗褐色，旋转呈环状，外缘呈波状。

花期 2—6 月，果期 4—8 月。

生于林中。

亮叶猴耳环 *Archidendron lucidum*（Benth.）I. C. Nielsen

含羞草科 Mimosaceae　**猴耳环属** *Archidendron*

常绿乔木。幼枝、叶柄、花序均被褐色短绒毛。二回羽状复叶，羽片1~2对；叶柄近基部、叶轴上每对羽片之间及在小叶轴上每对小叶之间各有1枚圆形下凹的腺体；小叶2~5对，除顶端1对为对生外，余均互生，斜卵形或长圆形，先端急尖或渐尖，基部偏斜，叶面光亮且深绿色。头状花序排成圆锥状，腋生或顶生，花白色。荚果成熟时褐色，旋转成环状。

花期4—6月，果期7—12月。

生于林中或林缘灌木丛中。

龙须藤　*Bauhinia championii*（Benth.）Benth.

苏木科　Caesalpiniaceae　　**羊蹄甲属**　*Bauhinia*

木质藤本。嫩枝和花序上被柔毛。小枝上有卷须，不分枝，常2枚对生。单叶互生，叶片阔卵形或心形，先端锐尖、圆钝、微凹或2裂，基部平截、微凹或心形，基出脉5～7条。总状花序腋生，有时与叶对生或数个聚生于枝顶而成复总状花序，花白色。荚果倒卵状长圆形或带状，扁平。

花期6—10月，果期7—12月。

生于山地灌丛或林中。

华南云实 假老虎簕 *Caesalpinia crista* L.
苏木科 Caesalpiniaceae 云实属 *Caesalpinia*

木质藤本。树皮黑色，主干和分枝散生倒钩刺。二回偶数羽状复叶，叶柄、叶轴和小叶柄生多数倒钩刺；羽片2～3对，少有4对，对生；每一羽片有小叶2～3对，对生，具短柄，革质，卵形或椭圆形，先端圆钝，有时微缺，很少急尖，基部阔楔形或钝。总状花序排列成顶生、疏松的大型圆锥花序，花芳香，花瓣5，其中4片黄色，上面1片具红色斑纹。荚果斜阔卵形，革质。种子1颗，扁平。

花期4—7月，果期7—12月。

生于山地林中或灌丛中。

格木　*Erythrophleum fordii* Oliv.

苏木科　Caesalpiniaceae　格木属　*Erythrophleum*

　　常绿乔木。多分枝，树冠广阔，嫩枝和幼芽被铁锈色短柔毛。叶互生，二回羽状复叶，有羽片2～3对；羽片对生或近对生，每羽片有小叶9～13片；小叶互生，卵形或卵状椭圆形，先端渐尖，基部圆形，两侧不对称，边缘全缘。总状花序密集成穗状，在枝顶常再排成圆锥花序。花两性，花瓣5，淡黄绿色。荚果狭长圆形，厚革质，有网纹。

　　花期5—6月，果期8—10月。

　　生于山地林中。

藤槐 *Bowringia callicarpa* Champ. ex Benth.
蝶形花科　Papilionaceae　藤槐属　Bowringia

攀缘灌木。单叶互生，叶片近革质，长圆形或卵状长圆形，长 6～13 cm，宽 2～6 cm，先端渐尖或短渐尖，基部圆形，两面几无毛，叶脉两面明显隆起；叶柄长 1～3 cm，两端稍膨大。总状花序或排列成伞房状，腋生，花冠白色。荚果卵形或卵球形，先端具喙。

花期 4—6 月，果期 7—9 月。

生于山谷林缘或河溪旁。

藤黄檀 *Dalbergia hancei* Benth.
蝶形花科 Papilionaceae **黄檀属** *Dalbergia*

木质藤本。枝纤细，幼枝略被柔毛，小枝条有时呈钩状或螺旋状。叶互生，为奇数羽状复叶，小叶7～13片，纸质，狭长圆形或倒卵状长圆形，先端钝或圆，微缺，基部圆或阔楔形。总状花序，数个总状花序常再集成腋生短圆锥花序，花冠绿白色，芳香。荚果扁平，长圆形或带状，通常有1粒种子，种子肾形，极扁平。

花期3—5月，果期6—11月。

生于山坡灌丛中或山谷溪旁。

假地豆 异果山绿豆 *Desmodium heterocarpon* (L.) DC.
蝶形花科 Papilionaceae **山蚂蝗属** *Desmodium*

灌木或亚灌木,高 30～150 cm。茎直立或匍匐,基部多分枝,疏被长柔毛,幼时毛较密。叶为三出羽状复叶,小叶 3,纸质,顶生小叶椭圆形、长椭圆形或宽倒卵形,侧生小叶通常较小,先端圆或钝,微凹,具短尖,基部钝,边缘全缘,上面无毛,下面被贴伏白色短柔毛。总状花序顶生或腋生,花轴密被淡黄色钩状毛,花冠紫红色、紫色或白色。荚果密集,狭长圆形。

花期 7—10 月,果期 10—11 月。

生于山坡草地、灌丛、路旁或林缘。

香花崖豆藤 山鸡血藤 *Callerya dielsiana* (Harms ex Diels) X. Y. Zhu

蝶形花科 Papilionaceae **崖豆藤属** *Callerya*

攀援灌木。茎皮灰褐色，剥裂。羽状复叶互生，叶轴被稀疏柔毛，小叶5，纸质，披针形，长圆形至狭长圆形，先端急尖至渐尖，基部钝圆，下面被平伏柔毛或无毛，网状脉明显。圆锥花序顶生，花冠紫红色，旗瓣密被银色或锈色绢毛。荚果线形至长圆形，扁平，密被灰色绒毛。

花期5—9月，果期6—11月。

生于山坡杂木林或灌丛中。

白花油麻藤 禾雀花 *Mucuna birdwoodiana* Tutch.

蝶形花科 Papilionaceae 黧豆属 *Mucuna*

常绿木质藤本。老茎外皮灰褐色，断面淡红褐色，有3～4个偏心的同心圆圈，折断后先流白汁，2～3分钟后有血红色汁液形成。三出羽状复叶互生，小叶近革质，顶生小叶较大，椭圆形或卵形，侧生小叶偏斜，两面无毛或有很稀少的伏贴毛。总状花序生于老枝上或叶腋，有20～30朵花，成串下垂，长20～38 cm，花冠白色或淡绿白色。荚果木质，带形，近念珠状。

花期4—6月，果期6—11月。

生于山地林中、溪边。

葛 野葛 *Pueraria lobata* (Willd.) Ohwi

蝶形花科 Papilionaceae **葛属** *Pueraria*

粗壮藤本，有肥厚的块根。除花冠外，全体密被黄色长硬毛。茎草质，基部木质。羽状复叶具3小叶，顶生小叶宽卵形或斜卵形，基部圆，边缘全缘，不裂，少见3浅裂，先端急尖，侧生小叶斜卵形，稍小；托叶中部着生，披针形，脱落。总状花序腋生，花密，花冠紫色。荚果长椭圆形，扁平，密被黄褐色长硬毛。

花期9—10月，果期11—12月。

生于路边或林中。

葫芦茶 *Tadehagi triquetrum*（L.）H. Ohashi
蝶形花科　Papilionaceae　葫芦茶属　*Tadehagi*

　　灌木或亚灌木，高 1～2 m。茎直立，幼枝三棱形，棱上疏被短硬毛。叶仅具单小叶，互生，纸质，叶片狭披针形至卵状披针形，先端急尖，基部圆形或浅心形，上面无毛，下面中脉或侧脉疏被短柔毛；叶柄长 1～3 cm，两侧具宽翅；托叶披针形，有条纹。总状花序腋生或顶生，花冠淡紫色或蓝紫色。荚果条状长圆形，密被黄色或白色的糙伏毛，荚节近方形。

　　花期 6—10 月，果期 10—12 月。

　　生于荒地、路旁或林缘。

栗 板栗 *Castanea mollissima* Bl.

壳斗科 Fagaceae 栗属 *Castanea*

落叶大乔木，高达20 m。小枝灰褐色。单叶互生，叶片椭圆形至长圆形，先端短至渐尖，基部近截平或圆形，或两侧稍向内弯而呈耳垂状，常一侧偏斜而稍不对称，边缘前部有锯齿，下面被星芒状伏贴毛或因毛脱落变为几无毛。雄花序长10～20 cm，花3～5朵聚生成簇，雌花1～3朵发育结实。成熟壳斗的锐刺有长有短，有疏有密，每壳斗有坚果2或3，直径2～3 cm。

花期4—6月，果期8—10月。

生于山地林中。

锥 栲栗 *Castanopsis chinensis* (Spreng.) Hance

壳斗科 Fagaceae 锥属 *Castanopsis*

  常绿乔木。树皮纵裂，片状脱落。枝、叶均无毛。单叶互生，叶片厚纸质或近革质，披针形，稀卵形，先端渐尖至尾状渐尖，基部近圆形或阔楔形，稍偏斜，边缘在中部以上有锐齿。雄花序穗状或圆锥状，雌花序生于当年生枝的顶部。壳斗圆球形，坚果圆锥形。

  花期5—7月，果熟期翌年9—11月。

  生于山地林中。

黧蒴锥 黧蒴 大叶栎 *Castanopsis fissa*（Champ. ex Benth.）Rehd. et Wils.

壳斗科 Fagaceae 锥属 *Castanopsis*

　　常绿乔木。芽鳞、幼枝及嫩叶背面均被红锈色细片状蜡鳞及棕黄色微柔毛。嫩枝红紫色，纵沟棱明显。单叶互生，叶厚纸质，长椭圆形或倒卵状椭圆形，先端急尖、渐狭或圆形，基部楔形，边缘有波状齿或钝锯齿。雄花序多为圆锥花序。果序长 8～18 cm。壳斗被暗红褐色粉末状蜡鳞，壳斗通常全包坚果。坚果栗褐色，圆球形或椭圆形。

　　花期 4—6 月，果期 10—12 月。

　　生于山地疏林中。

雷公青冈 胡氏栎 *Cyclobalanopsis hui* (Chun) Chun ex Y. C. Hsu et H. W. Jen

壳斗科 Fagaceae **青冈属** *Cyclobalanopsis*

常绿乔木。嫩枝和叶背初被黄色绒毛,后渐无毛。单叶互生,叶片薄革质,长椭圆形、倒披针形或椭圆状披针形,先端圆钝,稀渐尖,基部楔形,略偏斜,边缘全缘或仅先端有数对不明显浅锯齿,叶缘反卷,中脉、侧脉在上面平坦,在下面凸起。雄花序2～4个簇生,被黄棕色绒毛,雌花序有花2～5朵,聚生于花序轴顶端。壳斗浅碗形至深盘形,包着坚果基部,被黄褐色绒毛。坚果扁球形,幼时密被黄褐色绒毛。

花期4—5月,果期10—12月。

生于山地林中。

朴树 *Celtis sinensis* Pers.

榆科 Ulmaceae **朴属** *Celtis*

　　落叶乔木，树冠近椭圆状伞形。树皮灰褐色，粗糙而不开裂，枝条平展。单叶互生，叶片厚纸质，广卵形或椭圆形，先端尖至渐尖，基部圆形或斜楔形，稍偏斜，边缘上半部有浅锯齿；幼时两面密生短柔毛，成长后上面无毛，下面被毛或仅脉上被毛，脉腋常有簇毛，基出3主脉。雄花在新枝下部排成聚伞花序，雌花生于新枝上部叶腋内。核果近球形，成熟时红褐色。
　　花期3—4月，果期9—10月。
　　生于山坡、林缘或路旁。

白颜树 *Gironniera subaequalis* Planch.
榆科 Ulmaceae 白颜树属 *Gironniera*

常绿乔木。树皮灰或深灰色，较平滑；小枝淡黄绿色或褐色，疏生黄褐色长粗毛，有明显的环状托叶痕。叶互生，叶片革质，椭圆形或椭圆状矩圆形，长 7～25 cm，先端短尾状渐尖，基部近对称，圆形至宽楔形，边缘近全缘，仅在顶部疏生浅钝锯齿，上面亮绿色，平滑无毛，下面灰绿色，稍粗糙，在中脉和侧脉上疏生长糙伏毛，羽状脉，侧脉在背面明显突起。雌雄异株，聚伞花序成对腋生，雄的多分枝，雌的分枝较少，成总状。核果阔卵形或阔椭圆形，两侧具 2 钝棱，成熟时橘红色。

花期 2—4 月，果期 7—11 月。

生于山谷、溪边的湿润林中。

黄毛榕 *Ficus esquiroliana* Lévl.
桑科 Moraceae 榕属 *Ficus*

  小乔木或灌木，有白色乳汁。树皮灰褐色至灰绿色，具纵棱。幼枝中空，被黄褐色长硬毛。叶互生，纸质，广卵形，长17～27 cm，基部浅心形，上部有时3～5浅裂，先端急尖，有时尾状，边缘有细锯齿，上面疏被黄褐色长柔毛，下面密被黄褐色长柔毛和硬毛。榕果单个腋生，卵球形，直径2～2.5 cm，表面被褐色长毛。
  花期5—6月，果期6—7月。
  生于山坡林下或溪边。

水同木 哈氏榕 *Ficus fistulosa* Reinw. ex Bl.

桑科 Moraceae 榕属 *Ficus*

　　常绿小乔木，有白色乳汁。树皮黑褐色，枝粗糙。叶互生，纸质，倒卵形至长圆形，长 10～20 cm，先端具短尖，基部斜楔形或圆形，全缘或微波状，上面无毛，下面微被毛和小凸体。榕果簇生于老干发出的瘤状枝上，近球形，直径 1.5～2 cm，平滑，成熟时橘红色。

　　花、果期 5—7 月。

　　生于林中、沟边。

藤榕　*Ficus hederacea* Roxb.

桑科　Moraceae　**榕属**　*Ficus*

藤状灌木，有白色乳汁。茎、枝节上生气生根。小枝幼时被疏柔毛。叶互生，叶片厚革质，椭圆形至卵状椭圆形，长6～11 cm，顶端钝，稀圆形，基部宽楔形或钝，幼时被毛，两面有乳头状钟乳体凸起，全缘。榕果单生或成对腋生或生于已落叶枝的叶腋，球形，成熟时黄绿色至红色。

花、果期5—7月。

生于溪沟旁湿润处。

粗叶榕 五指毛桃 *Ficus hirta* Vahl

桑科 Moraceae 榕属 *Ficus*

灌木或小乔木。全株被锈色或褐色贴伏硬毛，有白色乳汁。嫩枝中空。单叶互生，叶纸质，多型，长椭圆状披针形或广卵形，长 10～25 cm，边缘有细锯齿，有时全缘或 3～5 深裂，先端渐尖或急尖，基部圆形、浅心形或宽楔形。榕果成对腋生或生于落叶枝上，球形或椭圆状球形，红褐色。

花、果期几乎全年。

生于山坡林边、沟谷或灌丛中。

对叶榕 *Ficus hispida* L. f.
桑科　Moraceae　榕属　*Ficus*

灌木或小乔木。全株各部被毛，有白色乳汁和环状托叶痕。叶通常对生，叶片厚纸质，卵形、卵状长圆形、椭圆形或倒卵状椭圆形，长 10～25 cm，全缘或有钝齿，先端急尖或短尖，基部圆形或近楔形，表面粗糙。榕果腋生或生于落叶枝上，或老茎发出的下垂枝上，陀螺形，成熟时黄色。

花、果期 6—7 月。

生于沟谷潮湿地带。

九丁榕 凸脉榕 *Ficus nervosa* Heyne ex Roth

桑科 Moraceae 榕属 *Ficus*

乔木，有乳汁。幼时被微柔毛，成长脱落。叶互生，叶片薄革质，椭圆形至长椭圆状披针形或倒卵状披针形，长 6～15 cm 或更长，先端短渐尖，有钝头，基部圆形或楔形，边缘全缘，上面深绿色，有光泽，下面颜色深，散生细小乳突状瘤点，脉腋有腺体，侧脉 7～11 对，在背面突起。榕果单生或成对腋生，球形或近球形。

花、果期 1—8 月。

生于山谷林中。

苎麻 *Boehmeria nivea*（L.）Gaudich.

荨麻科　Urticaceae　苎麻属　*Boehmeria*

亚灌木或灌木，高 0.5～1.5 m。茎无分枝或少数有分枝，茎上部与叶柄均密被开展的长硬毛和近开展和贴伏的短糙毛。叶互生，叶片草质，通常圆卵形或宽卵形，有时卵形，先端骤尖，基部近截形或宽楔形，边缘在基部之上有粗齿，上面稍粗糙，疏被伏毛，下面密被白色绒毛。团伞花序单性，雌雄同株，腋生，排成圆锥状。瘦果近球形，基部缢缩成细柄。

花期 7—8 月，果期 9—10 月。

生于山谷林边、路边或灌草丛中。

楼梯草　*Elatostema involucratum* Franch. et Sav.

荨麻科　Urticaceae　楼梯草属　*Elatostema*

多年生草本。茎肉质，高达 60 cm，不分枝或具 1 分枝，无毛，稀上部有疏柔毛。叶互生，无柄或近无柄，叶片斜倒披针状长圆形或斜长圆形，有时稍镰状弯曲，先端骤尖（骤尖部分全缘），基部在狭侧楔形，在宽侧圆形或浅心形，边缘在基部之上有较多牙齿，上面有少数短糙伏毛，下面无毛或沿脉有短毛，具羽状脉。花序雌雄同株或异株。雄花序有细长梗，花序梗长 0.7～3 cm，雌花序近无梗。瘦果卵球形，具 6 条纵肋和小瘤状凸起。

花期 5—10 月。

生于山谷沟边石上、林中或灌丛中。

狭叶楼梯草 *Elatostema lineolatum* Wight
荨麻科　Urticaceae　楼梯草属　*Elatostema*

亚灌木。茎直立或斜升，多分枝，小枝密被短糙毛。叶互生，无柄或具极短柄，叶片草质或纸质，斜倒卵状长圆形或斜长圆形，先端渐尖或骤尖，基部斜楔形，上部边缘疏生小齿，两面沿中脉及侧脉有短伏毛。花序雌雄同株，无梗。瘦果椭圆球形，具7～8条纵肋。

花期1—5月。

生于山谷林下阴湿处。

小叶冷水花　透明草　*Pilea microphylla*（L.）Liebm.
荨麻科　Urticaceae　冷水花属　*Pilea*

纤细小草本，高 13～17 cm，全株无毛。茎直立或斜升，肉质，多分枝，密布条形钟乳体。叶很小，对生，叶片同对的不等大，倒卵形至匙形，肉质，先端钝，基部楔形或渐狭，边缘全缘，钟乳体条形，横向排列，上面绿色，下面浅绿色；叶柄纤细；托叶三角形，宿存。聚伞花序腋生，密集成头状。瘦果卵球形，成熟时变褐色。

花期 6—8 月，果期 9—12 月。

生于路边石缝和墙上阴湿处。

雾水葛 *Pouzolzia zeylanica*（L.）Benn.

荨麻科　Urticaceae　雾水葛属　*Pouzolzia*

　　多年生草本。茎直立、斜升或稀匍匐，不分枝或在基部有少数分枝，枝条有时又具短的分枝，被糙伏毛或兼有柔毛。叶全部对生，或茎顶部的对生，叶片草质，卵形至宽卵形，顶端短渐尖或微钝，基部圆形，边缘全缘，两面疏被糙伏毛。团伞花序通常两性，常生于有叶的枝节上或茎节上。瘦果卵球形，淡黄白色，上部褐色，或全部黑色，有光泽。

　　花期5—9月，果期7—12月。

　　生于灌丛、草地或疏林中。

秤星树　梅叶冬青　*Ilex asprella*（Hook. et Arn.）Champ. ex Benth.

冬青科　Aquifoliaceae　**冬青属**　*Ilex*

　　落叶灌木，具长枝和短枝。长枝纤细，栗褐色，无毛，具明显的白色皮孔；短枝具宿存的鳞片和叶痕。叶膜质，在长枝上互生，在缩短枝上簇生，卵形或卵状椭圆形，先端尾状渐尖，基部钝至近圆形，边缘具细锯齿，叶面绿，背面浅绿。花白色，雄花簇生或单生叶腋，雌花单生叶腋。果为核果，球形，成熟时黑色。

　　花期3月，果期4—10月。

　　生于山地疏林中或路旁灌丛中。

寄生藤 *Dendrotrophe varians*（Blume）Miq.

檀香科　Santalaceae　**寄生藤属**　*Dendrotrophe*

木质藤本，常呈灌木状。枝深灰黑色，嫩时黄绿色，三棱形，扭曲。叶互生，叶片厚，近革质，倒卵形至宽椭圆形，先端圆钝，有短尖，基部收狭而下延成叶柄，基出脉3。花通常单性，雌雄异株，稀两性。核果卵状或卵圆形，成熟时棕黄色至红褐色。

花期1—3月，果期6—8月。

生于山地灌丛中。

翼核果 *Ventilago leiocarpa* Benth.
鼠李科　Rhamnaceae　**翼核果属**　*Ventilago*

藤状灌木。嫩枝被淡黄色短柔毛。小枝褐色，有条纹。叶互生，叶片薄革质，卵状矩圆形或卵状椭圆形，稀卵形，先端渐尖或短渐尖，稀锐尖，基部圆形或近圆形，边缘近全缘或具不明显的疏细锯齿，两面无毛，侧脉每边4～6条，上面下陷，下面凸起，具明显的网脉。花小，淡绿白色，两性，单生或2至数朵簇生于叶腋，少有排成顶生聚伞总状或聚伞圆锥花序。核果球形，外果皮和中果皮纵向延伸成长圆形的翅。

花期3—5月，果期4—7月。

生于疏林下或灌丛中。

乌蔹莓 *Cayratia japonica* (Thunb.) Gagnep.

葡萄科　Vitaceae　乌蔹莓属　*Cayratia*

　　草质藤本。小枝圆柱形，有纵棱纹。卷须2～3叉分枝，与叶对生。叶为鸟足状复叶，具5小叶，中央小叶片长椭圆形或狭椭圆形，先端急尖或渐尖，基部楔形，边缘有锯齿，侧生小叶较小，通常两侧微不对称，上面绿色，无毛，下面浅绿色，无毛或微被毛；叶柄长1.5～10 cm，中央小叶柄长0.5～2.5 cm，侧生小叶无柄或有短柄。复二歧聚伞花序腋生，花萼碟状，花瓣淡黄色。果实近球形，成熟时紫黑色。

　　花期3—8月，果期8—11月。

　　生山谷林中或山坡灌丛。

扁担藤　*Tetrastigma planicaule*（Hook.）Gagnep.
葡萄科　Vitaceae　崖爬藤属　*Tetrastigma*

攀援大型木质藤本，全株无毛。茎褐色，呈带状压扁，节处略膨大；小枝圆柱形或微扁，有纵棱纹；卷须不分叉，每相隔2节间断与叶对生。叶为掌状复叶，具5小叶；小叶具柄，小叶片厚纸质，长圆状披针形或倒卵状长圆形，先端渐尖或急尖，基部楔形，边缘有浅波状细锯齿，上面绿色，下面浅绿色。复伞形花序腋生，稀与叶对生，花小，淡绿色。浆果球形，成熟时黄色。

花期4—6月，果期8—12月。

生于山谷林中。

山油柑 降真香 *Acronychia pedunculata* (L.) Miq.

芸香科 Rutaceae **山油柑属** *Acronychia*

常绿灌木或乔木。树皮灰白色至灰黄色，平滑。小枝绿色，当年生枝通常中空，叶与枝芳香。叶对生，叶为单小叶，叶片纸质或近革质，椭圆形至椭圆状长圆形，或倒卵形至倒卵状椭圆形，先端渐尖或钝，基部楔形或阔楔形，边缘全缘；叶柄两端略增大。伞房状聚伞圆锥花序腋生，花两性，黄白色，清香。果近球形，淡黄色。

花期4—8月，果期8—12月。

生于山地林缘、沟谷旁或杂木林中。

三桠苦　三叉苦　*Melicope pteleifolia* (Champ. ex Benth.) T. G. Hartley

芸香科　Rutaceae　**蜜茱萸属**　*Melicope*

　　常绿灌木或小乔木，全株味苦。树皮灰白或灰绿色，光滑，纵向浅裂。嫩枝的节部常呈压扁状。叶对生，通常具3小叶，偶有2小叶或单小叶同时存在；小叶片纸质，长椭圆形，有时倒卵状椭圆形，先端渐尖，基部楔形，边缘全缘并呈波浪形，有透明腺点，揉之有香气。伞房状聚伞花序腋生，花瓣白色或淡黄色。果近球形、椭圆形或倒卵状，茶褐色。

　　花期4—6月，果期7—10月。

　　生于溪边、林缘、疏林或灌丛中。

簕欓花椒 鹰不泊 *Zanthoxylum avicennae* (Lam.) DC.
芸香科 Rutaceae 花椒属 *Zanthoxylum*

　　落叶乔木，全株无毛。树干具鸡爪状刺，刺基部扁圆而增厚，形似鼓钉，并有 1 至数条环纹；分枝上的刺三角形，较短。幼龄树的枝及叶密生刺。叶互生，为奇数羽状复叶，有小叶 11～21 片，小叶对生或近对生，小叶片斜卵形，斜长方形或呈镰刀状，有时倒卵形，幼苗小叶多为阔卵形，先端短尖或钝，两侧不对称，边缘全缘或中部以上有疏裂齿，叶轴常呈狭翼状。花序顶生，花多，花瓣黄白色。果实淡紫红色。

　　花期 6—8 月，果期 10—12 月。

　　生于山坡林缘和山地疏林中。

两面针 *Zanthoxylum nitidum*（Roxb.）DC.
芸香科　Rutaceae　花椒属　*Zanthoxylum*

　　幼龄植株为直立灌木，成龄植株为木质藤本。老茎有木栓质的翅。茎、枝、叶轴下面和幼叶中脉两面均有弯钩锐刺。奇数羽状复叶互生，有小叶5～11片；小叶对生，小叶片硬革质，阔卵形或近圆形，或狭长椭圆形，先端渐尖或短尾状，先端有明显凹口，凹口处有油腺点，基部圆或宽楔形，边缘有疏浅裂齿，齿缝处有油腺点，有时全缘，两面无毛，光亮。花序腋生，花淡黄绿色。果红褐色。

　　花期3—5月，果期9—11月。

　　生于疏林或灌丛中。

橄榄 *Canarium album* (Lour.) Raeusch.

橄榄科 Burseraceae 橄榄属 *Canarium*

常绿乔木，高 10～25 m。树皮灰白色，茎干与枝的树脂有特殊芳香。小枝幼时被黄棕色绒毛，后渐变无毛。叶互生，为奇数羽状复叶，有小叶 7～13 片，小叶对生，偶有互生，具短柄，小叶片纸质至革质，浓绿色，有光泽，长圆状披针形至卵状披针形，两侧不对称，微弯成镰刀状，先端渐尖至骤狭渐尖，基部楔形至圆形，偏斜，边缘全缘，中脉发达。花序腋生，雄花序为聚伞圆锥花序，雌花序为总状花序，花小，白色，芳香。果卵圆形至纺锤形，成熟时黄绿色。

花期 3—6 月，果期 7—12 月。

生于山地林中，鼎湖山在路边有栽培。

乌榄 *Canarium pimela* K. D. Koenig

橄榄科　Burseraceae　橄榄属　*Canarium*

常绿乔木。树脂有胶黏性，芳香。叶互生，为奇数羽状复叶，有小叶9～13片，小叶对生，偶有互生，小叶叶片纸质至革质，宽椭圆形、长圆形、卵状披针形或倒卵形，先端急渐尖，基部圆形或阔楔形，偏斜，边缘全缘，网脉明显。花序为聚伞圆锥花序，稀为总状花序，腋生，花白色，芳香。果狭卵圆形，成熟时紫黑色。

花期4—5月，果期5—11月。

鼎湖山有栽培。

人面子　人面树　*Dracontomelon duperreanum* Pierre

漆树科　Anacardiaceae　人面子属　*Dracontomelon*

　　常绿大乔木，高达25 m。幼枝具条纹，被灰色绒毛。叶互生，为奇数羽状复叶，有小叶5～7对；小叶互生，柄短，小叶片近革质，长圆形，自下而上逐渐增大，先端渐尖，基部常偏斜，阔楔形或近圆形，边缘全缘，两面沿中脉疏被微柔毛，叶背脉腋具灰白色髯毛。圆锥花序顶生或腋生，花白色。核果扁球形，成熟时黄色，果核（内果皮）上有人脸状花纹，种子3～4颗。

　　花期4—5月，果期6—11月。

　　鼎湖山有栽培。

盐肤木 *Rhus chinensis* Mill.

漆树科 Anacardiaceae **盐肤木属** *Rhus*

　　落叶小乔木或灌木。树皮灰褐色；小枝棕褐色，被锈色柔毛，具圆形小皮孔。奇数羽状复叶互生，有小叶 7～13 片，叶轴具宽翅或窄翅，有时无；小叶对生，无柄，小叶自下而上逐渐增大，叶轴和叶柄密被锈色柔毛；小叶卵形或椭圆状卵形或长圆形，先端急尖，基部圆形，顶生小叶基部楔形，边缘有粗锯齿，上面暗绿色，下面粉绿色，有白粉，被锈色柔毛。圆锥花序顶生，多分枝，花白色。核果球形，略压扁，成熟时红色。

　　花期 7—9 月，果期 9—11 月。

　　生于向阳山坡、沟谷、溪边的疏林或灌丛中。

野漆 野漆树 *Toxicodendron succedaneum*（L.）Kuntze

漆树科 Anacardiaceae 漆树属 *Toxicodendron*

落叶小乔木，具白色乳汁。树皮暗褐色；小枝粗壮，顶芽大，紫褐色。叶互生，为奇数羽状复叶，常集生小枝顶端，有小叶2~7对，小叶对生，坚纸质至薄革质，长圆状椭圆形、阔披针形或卵状披针形，先端渐尖或长渐尖，基部多少偏斜，圆形或阔楔形，边缘全缘，叶背绿白色，常具白粉。圆锥花序腋生，花黄绿色。核果大，偏斜，压扁，黄色。

花期5—6月，果期8—10月。

生于林中、林缘或路边灌丛中。

鹅掌柴 鸭脚木 *Schefflera heptaphylla*（L.）Frodin
五加科 Araliaceae 鹅掌柴属 *Schefflera*

　　常绿乔木或灌木。小枝粗壮，幼时密生星状短柔毛，不久毛渐脱落。掌状复叶互生，有小叶6～9，最多至11，小叶片纸质至革质，椭圆形、长圆状椭圆形或倒卵状椭圆形，稀椭圆状披针形，先端急尖或短渐尖，稀圆形，基部渐狭，楔形或钝形，边缘全缘，但在幼树时常有锯齿或羽状分裂；叶面深绿色，有光泽，幼时密生星状短柔毛，后毛渐脱落。圆锥花序顶生，花白色，芳香。果球形，成熟时黑色。

　　花期9—12月，果期11月至翌年3月。

　　生于疏林中。

广东金叶子 广东假木荷 红皮紫陵 *Craibiodendron sclueranthum* var. *kwangtungense* (S. Y. Hu) Judd

杜鹃花科 Ericaceae **假木荷属** *Craibiodendron*

常绿小乔木。树皮深红褐色，纵裂。小枝红褐色，无毛，具不明显皮孔。叶互生，叶片革质，椭圆形或披针形，先端锐尖，稀短渐尖，基部渐狭成楔形，全缘，橄绿褐色，表面有光泽，背面色较淡。总状花序腋生，花序轴、花梗和花萼均被微柔毛。蒴果扁球形，果皮木质。

花期5—6月，果期7—8月。

生于山地林中。

乌材　*Diospyros eriantha* Champ. ex Benth.
柿树科　Ebenaceae　柿树属　*Diospyros*

　　常绿乔木或灌木。树皮灰色，灰褐色至黑褐色，幼枝、冬芽、叶下面脉上、幼叶叶柄和花序等均被锈色糙伏毛。枝灰褐色，疏生纵裂皮孔。单叶互生，叶片纸质，长圆状披针形，长5～12 cm，先端渐尖，基部阔楔形或近圆形，边缘微背卷，上面深绿色，有光泽，除中脉外余处无毛，下面绿色。雄花2～3朵簇生于叶腋，花冠白色；雌花单生于叶腋，花冠淡黄色。果卵形或长圆形，成熟时黑紫色。

　　花期7—8月，果期10月至翌年1—2月。

　　生于山地林中或溪边林中。

罗浮柿 *Diospyros morrisiana* Hance

柿树科　Ebenaceae　柿树属　*Diospyros*

灌木或乔木。树皮呈片状脱落，表面黑色。除芽、花序和嫩梢外，各部分无毛。枝灰褐色，散生长圆形或线状长圆形的纵裂皮孔。单叶互生，叶片薄革质，长椭圆形或卵形，长 5～10 cm，宽 2.5～4 cm，先端短渐尖或钝，基部楔形，边缘全缘，叶缘微背卷，上面有光泽，深绿色，下面绿色，侧脉 4～6 对，网脉不明显。雄花通常 3 朵组成聚伞花序，短小，腋生；雌花单生叶腋。果球形，黄色。

花期 5—6 月，果期 11 月。

生于林中、灌丛或溪边。

肉实树 水石梓 *Sarcosperma laurinum*（Benth.）Hook. f.
山榄科 Sapotaceae 肉实树属 *Sarcosperma*

　　常绿乔木，高 6～15 m。树皮灰褐色，近平滑，板根显著。小枝具棱，无毛。叶于小枝上不规则排列，大多互生，也有对生，枝顶的通常轮生，叶片近革质，通常倒卵形或倒披针形，稀狭椭圆形，先端通常骤然急尖，有时钝至钝渐尖，基部楔形，边缘全缘，上面深绿色，具光泽，下面淡绿色，两面无毛，中脉在上面平坦，下面凸起。总状花序或圆锥花序腋生，花芳香，花冠初时淡绿色，后淡黄色。核果长圆形或椭圆形，成熟时红色至黑色。

　　花期 8—9 月，果期 12 月至翌年 1 月。

　　生于山谷或溪边林中。

朱砂根　大罗伞　*Ardisia crenata* Sims
紫金牛科　Myrsinaceae　紫金牛属　*Ardisia*

常绿灌木，高 1～2 m。茎粗壮，无毛，除侧生特殊花枝外，无分枝。叶互生，叶片革质或坚纸质，椭圆形、椭圆状披针形至倒披针形，先端急尖或渐尖，基部楔形，边缘具皱波状或波状齿，有明显的边缘腺点，两面无毛，叶面亮绿色。伞形花序或聚伞花序着生于侧生特殊花枝顶端，花白色，稀略带粉红色。果球形，成熟时鲜红色，有光泽。

花期 5—6 月；果期 10—12 月，有时翌年 2—4 月。

生于林下阴湿的灌木丛中。

山血丹   斑叶朱砂根   小罗伞   *Ardisia lindleyana* D. Dietr.

紫金牛科   Myrsinaceae   **紫金牛属**   *Ardisia*

常绿直立灌木。茎幼时被细微柔毛,除侧生特殊花枝外,无分枝。叶互生,叶片革质或坚纸质,长圆形或椭圆状披针形,先端急尖或渐尖,稀钝,基部楔形,边缘近全缘或具微波状齿,齿尖具边缘腺点,边缘反卷,上面无毛,下面被微柔毛。亚伞形花序,单生或稀为复伞形花序,着生于侧生特殊花枝顶端,下方有1～3枚叶状苞片,花瓣白色,有腺点。果球形,深红色,具疏腺点。

花期5—7月,果期10—12月。

生于林下灌丛中。

本种与朱砂根的区别:朱砂根叶片两面无毛,山血丹叶片下面沿中脉被微柔毛;朱砂根边缘脉靠近叶缘,或无边缘脉,山血丹边缘脉距叶缘2～5 mm;朱砂根伞形花序基部无叶状苞片,山血丹伞形花序基部有1～3枚叶状苞片。

罗伞树 *Ardisia quinquegona* Bl.

紫金牛科　Myrsinaceae　紫金牛属　*Ardisia*

灌木或灌木状小乔木。树冠伞形，小枝细，有纵纹，嫩时被铁锈色鳞片。叶互生，叶片坚纸质，长圆状披针形、椭圆状披针形至倒披针形，先端渐尖，基部楔形，边缘全缘，两面无毛，中脉明显，侧脉多数，不明显，近平行，叶面暗绿色，背面被铁锈色鳞片。聚伞花序或亚伞形花序腋生，花瓣白色或粉红色，具腺点。果扁球形，通常具钝5棱。

花期3—6月，果期8月至翌年2月。

生于山坡林下或林中溪边阴湿处。

酸藤子 *Embelia laeta* (L.) Mez

紫金牛科　Myrsinaceae　酸藤子属　*Embelia*

攀援灌木或藤本。幼枝无毛，老枝具皮孔。叶互生，叶片坚纸质，倒卵形或长圆状倒卵形，先端圆形、钝或微凹，基部楔形，边缘全缘，两面无毛，无腺点，叶面中脉微凹，背面常被薄白粉，中脉隆起，侧脉不明显。总状花序侧生或腋生，花瓣白色或带黄色。果球形，有腺点。

花期12月至翌年3月，果期4—6月。

生于山坡林下、草坡或灌木丛中。

鲫鱼胆 *Maesa perlarius* (Lour.) Merr.

紫金牛科 Myrsinaceae   杜茎山属 *Maesa*

小灌木，多分枝，小枝被长硬毛。单叶互生，叶片纸质或近坚纸质，广椭圆状卵形至椭圆形，先端急尖或骤尖，基部楔形，边缘从中下部以上具粗锯齿，下部常全缘，幼时两面被密长硬毛，以后叶面除脉外近无毛，背面被长硬毛，中脉隆起。总状花序或圆锥花序腋生，花冠白色。果球形。

花期3—4月，果期12月至翌年5月。

生于林下或灌丛中。

柳叶杜茎山　柳叶空心花　*Maesa salicifolia* Walker

紫金牛科　Myrsinaceae　杜茎山属　*Maesa*

　　直立灌木。小枝圆柱形，无毛，具纵棱，有时具皮孔。叶互生，叶片革质，狭长圆状披针形，长 10～20 cm 或略长，宽 1.5～2 cm 或略宽，有不明显的透明腺点，先端渐尖，基部钝，边缘全缘，强烈反卷，两面无毛，叶面中、侧脉印成深痕，其余部分隆起，背面中、侧脉强烈隆起，其余部分下凹；叶柄具槽。总状花序或圆锥花序腋生，花冠白色或淡黄色。果球形或近卵圆形，具脉状腺条纹及皱纹。

　　花期 1—2 月，果期 9—11 月。

　　生于林下阴湿的地方。

厚叶素馨 樟叶茉莉 *Jasminum pentaneurum* Hand. – Mazz.

木犀科　Oleaceae　素馨属　*Jasminum*

攀援木质藤本。小枝黄褐色,圆柱形或有钝棱,节处稍压扁,枝中空,当年生枝疏被短柔毛或无毛。叶对生,单叶,扭转,叶片革质,宽卵形、卵形或椭圆形,有时近圆形,稀披针形,先端渐尖或尾状渐尖,基部圆形或宽楔形,稀心形,边缘全缘,略反卷,两面均无毛,常具褐色腺点,基出脉5条,有时3条。聚伞花序腋生或顶生,花芳香,花冠白色。果球形、椭圆形或肾形,成熟时黑色。

花期8月至翌年2月,果期翌年2—5月。

生于灌丛或杂木林中。

小蜡 山指甲 *Ligustrum sinense* Lour.

木犀科 Oleaceae   女贞属 *Ligustrum*

　　落叶灌木或小乔木。小枝圆柱形，有白色皮孔，密被淡黄色柔毛，老枝近无毛。单叶对生，叶片纸质或薄革质，卵形、椭圆状卵形、长圆形、长圆状椭圆形至披针形，或近圆形，先端急尖、短渐尖至渐尖，或钝而微凹，基部宽楔形至近圆形，上面深绿色，疏被短柔毛或无毛，或仅沿中脉被短柔毛，下面淡绿色，疏被短柔毛或无毛，常沿中脉被短柔毛。圆锥花序顶生或腋生，花白色，芳香。核果近球形，成熟时黑色。

　　花期3—6月，果期9—12月。

　　生于林中或灌丛中。

眼树莲 瓜子金 *Dischidia chinensis* Champ. ex Benth.
萝藦科 Asclepiadaceae 眼树莲属 *Dischidia*

附生草质藤本，具白色乳汁，全株无毛。茎绿色，节上生不定根。叶肉质，对生，叶柄极短，叶片卵圆状椭圆形，先端圆或钝，有小短尖，基部楔形或宽楔形。聚伞花序腋生，花极小，花冠黄白色。蓇葖果披针状圆柱形。

花期4—5月，果期5—6月。

生于山地潮湿的杂木林中或山谷、溪边，攀附在树上或附生石上。

球兰 *Hoya carnosa*（L. f.）R. Br.

萝藦科　Asclepiadaceae　球兰属　*Hoya*

附生藤本，具白色乳汁，全株近无毛。节上生气生根。叶对生，叶片肉质，卵圆形至卵圆状长圆形，先端钝或短渐尖，基部圆形至浅心形，侧脉不明显。聚伞花序伞形状，腋生，着花约30朵，聚生成花球；花冠五角星状，白色，通常中心淡红色，似浸以蜡质。蓇葖果线形，光滑。

花期4—11月，果期7—12月。

生于山地林中，附生于树上或石上。

水团花　水杨梅　*Adina pilulifera*（Lam.）Franch. ex Drake
茜草科　Rubiaceae　水团花属　*Adina*

　　常绿灌木或小乔木。树皮灰色，枝条具棱至圆柱形，被微柔毛至近无毛，通常具皮孔。叶交互对生，叶片厚纸质，狭椭圆形、椭圆状披针形、倒卵状长圆形、倒披针形或倒卵状倒披针形，先端短尖至渐尖而钝头，基部楔形或钝，有时渐狭窄，边缘全缘，上面无毛，下面无毛或有时被稀疏短柔毛。花序头状如绒球，腋生，稀顶生，花小，花冠白色。果序球形，小蒴果楔形。
　　花期5—10月，果期6—11月。
　　生于山谷林下或溪边。

香楠 *Aidia canthioides*（Champ. ex Benth.）Masam.
茜草科　Rubiaceae　茜树属　*Aidia*

　　灌木或乔木。枝条压扁至近圆柱状，无毛。叶对生，叶片纸质或薄革质，长圆状椭圆形、长圆状披针形或披针形，先端渐尖至尾状渐尖，有时短尖，基部阔楔形或有时稍圆，亦有时稍不等侧，两面无毛，侧脉每边3～7条，在下面明显，在上面平或稍凹下，下面脉腋内常有小窝孔；托叶阔三角形，先端急尖，有短尖头，脱落。聚伞花序腋生，有花数朵至十余朵，紧缩成伞形花序状；花冠高脚碟形，白色或黄白色。浆果球形，成熟时红色，先端有环状的萼檐残迹。

　　花期4—6月，果期5月至翌年2月。

　　生于山坡、山谷溪边、灌丛或林中。

山石榴 *Catunaregam spinosa* (Thunb.) Tirveng.
茜草科　Rubiaceae　山石榴属　*Catunaregam*

有刺灌木或小乔木，有时攀援状。多分枝，枝粗壮，嫩枝有时有疏毛；刺腋生，对生，粗壮。叶对生或簇生于侧生的短枝上，叶片纸质或近革质，倒卵形或长圆状倒卵形，稀卵形至匙形，先端钝或短尖，基部楔形或下延，边缘全缘，两面无毛或疏被短糙伏毛，侧脉每边4～7条，下面脉腋内常有被短柔毛的窝陷。花单生或2～3朵簇生于具叶的侧生短枝顶部，花冠钟形，初时白色，后变为淡黄色。浆果大，球形。

花期3—6月，果期5月至翌年1月。

生于林中或灌丛中，鼎湖山路边有栽培。

伞房花耳草 *Hedyotis corymbosa*（L.）Lam.

茜草科　Rubiaceae　耳草属　Hedyotis

一年生柔弱披散草本。茎和枝方柱形，无毛或棱上疏被短柔毛，分枝多，直立或蔓生。叶对生，偶有轮生，近无柄，叶片膜质，线形至狭披针形，先端急尖，基部楔形，干时边缘通常背卷，下面无毛，上面疏被短柔毛至无毛，中脉在叶面下陷，侧脉不明显；托叶膜质，鞘状，顶端有数条短刺。聚伞花序腋生，伞房花序式排列，有花 2～4 朵，花冠白色或粉红色。蒴果近球形。

花、果期几乎全年。

生于湿润的草地或路边。

白花蛇舌草 *Hedyotis diffusa* Willd.

茜草科　Rubiaceae　耳草属　*Hedyotis*

一年生纤细披散草本。茎稍扁至圆柱形或幼茎有时为四棱柱形，从基部开始分枝。叶对生，偶有轮生，无柄，叶片膜质，线形，稀线状披针形，先端急尖，基部渐狭，边缘干后常背卷，下面无毛，有时粗糙，上面无毛，或近边缘被微柔毛，侧脉不明显。花小，单生或双生叶腋，花冠白色。蒴果扁球形。

花期4—7月，果期6—10月。

多生于湿润的草地。

鼎湖耳草 *Hedyotis effusa* Hance

茜草科　Rubiaceae　耳草属　*Hedyotis*

　　直立草本，基部木质。茎柔弱，幼时略扁，灰紫色，后渐坚硬，呈圆柱形，褐灰色，无毛。叶对生，叶片纸质，卵状披针形，先端短尖而钝，基部近圆形或楔形，侧脉纤细，不明显；托叶阔三角形或截平，顶部具1尖头，全缘。花序顶生，为2歧分枝的聚伞花序，圆锥式排列。蒴果近球形。

　　花期7—9月，果期8月至翌年3月。

　　生于林下或山谷溪旁，亦生于湿润的山坡上。

牛白藤 *Hedyotis hedyotidea*（DC.）Merr.

茜草科　Rubiaceae　**耳草属**　*Hedyotis*

  多年生藤状灌木。树皮粗糙，茎和枝下部均为圆柱形，上部或嫩枝四棱柱形，密被粉末状柔毛。叶对生，叶片膜质，卵形或卵状披针形，先端短尖或短渐尖，基部楔形或钝，上面粗糙，下面被柔毛；托叶生叶柄间，顶部截平，有4～6条刺状毛。伞形状聚伞花序密集成近球形或圆锥状，顶生或生枝顶叶腋，花小，花冠白色至淡黄色。蒴果近球形、倒卵形或长圆状椭圆形。
  花、果期4—12月。
  生于丘陵坡地、沟谷林下或灌丛中。

龙船花 *Ixora chinensis* Lam.

茜草科　Rubiaceae　**龙船花属**　*Ixora*

　　常绿灌木，全株无毛。嫩枝深褐色，有光泽，老枝灰色。叶对生，有时由于节间距离极短几成 4 枚轮生，无叶柄或具叶柄，叶片革质，倒卵形至长圆状披针形，先端钝或圆至急尖，基部楔形、截形或圆形，边缘全缘；托叶宿存，绕茎合生成鞘状或生于叶柄间呈三角形或阔三角形。伞房状聚伞花序顶生，花高脚碟形，花冠红色或橙红色。果近球形，成熟时红黑色。

　　花期 4—10 月，果期 7—12 月。

　　生于山坡路旁、山地灌丛中或疏林下。

玉叶金花 *Mussaenda pubescens* Ait. f.

茜草科　Rubiaceae　玉叶金花属　*Mussaenda*

　　攀援灌木，常缠绕。小枝蔓生，初时被贴伏短柔毛，叶腋内常有短枝。叶对生，稀轮生，有短柄，叶片膜质或薄纸质，卵状长圆形或卵状披针形，先端渐尖，基部楔形，边缘全缘，上面近无毛或疏被毛，下面密被短柔毛；托叶三角形，2深裂。聚伞花序顶生，密集多花；花萼管陀螺形，萼裂片线形，常有1枚扩大成白色的萼叶；花冠细小，星状，黄色。浆果近球形。

　　花期4—7月，果期6—12月。

　　生于山坡、沟谷、溪旁及灌丛中。

团花　黄梁木　*Neolamarckia cadamba*（Roxb.）Bosser
茜草科　Rubiaceae　团花属　*Neolamarckia*

　　落叶大乔木。树干通直，基部略有板状根，树皮薄，灰褐色。枝平展，幼枝略扁，褐色，老枝圆柱形，灰色。叶对生，叶片薄革质，椭圆形或长圆状椭圆形，成熟枝上的叶片长 15～25 cm，先端短尖，基部圆形或截形，萌蘖枝上的叶片长 50～60 cm，基部浅心形，上面有光泽，无毛，下面无毛或被稠密短柔毛。头状花序单个顶生，花冠黄白色。果序球形，成熟时黄绿色。
　　花、果期 6—11 月。
　　生于山谷溪旁或杂木林中。

九节 山大颜 *Psychotria asiatica* L.

茜草科 Rubiaceae **九节属** *Psychotria*

常绿灌木或小乔木,高 0.5～5 m。茎被微柔毛至无毛。叶对生,叶片纸质至革质,长圆形、椭圆状长圆形或倒披针状长圆形,稀长圆状倒卵形,先端渐尖、急渐尖或短尖而尖头常钝,基部楔形,边缘全缘;托叶膜质,短鞘状,顶部全缘,易脱落。伞房状或圆锥状聚伞花序通常顶生,花冠白色。核果球形或宽椭圆形,有纵棱,成熟时红色。

花、果期全年。

生于灌丛中或林中。

蔓九节 *Psychotria serpens* L.

茜草科　Rubiaceae　九节属　*Psychotria*

　　攀援或匍匐藤本，常以气根攀附于树干或岩石上。茎多分枝，嫩枝稍扁，无毛或有粃糠状短柔毛，老枝圆柱形，近木质，无毛。叶对生，叶片纸质或革质，叶形变化很大，幼株的叶多卵形或倒卵形，老株的叶多呈椭圆形、披针形、倒披针形或倒卵状长圆形，先端短尖、钝或锐渐尖，基部楔形或稍圆，边缘全缘而有时稍反卷，游离枝上的叶较大；托叶膜质，短鞘状，顶端不裂，易脱落。聚伞花序顶生，伞房状或圆锥状，花冠白色。浆果状核果球形或椭圆形，具纵棱，白色。

　　花期4—6月，果期全年。

　　生于林中或灌丛中。

珊瑚树 *Viburnum odoratissimum* Ker–Gawl.

忍冬科　Caprifoliaceae　荚蒾属　*Viburnum*

　　常绿灌木或小乔木。枝干挺直，枝灰色或灰褐色，有凸起的小瘤状皮孔，无毛或有时稍被褐色簇状毛。叶对生，叶片革质，椭圆形至矩圆形或矩圆状倒卵形至倒卵形，有时近圆形，先端短尖至渐尖而钝头，基部楔形或宽楔形，边缘上部有不规则疏离的浅波状锯齿或近全缘，两面均无毛或下面脉腋疏被毛和趾蹼状小孔，上面深绿色，有光泽，下面有时散生暗红色小腺点。圆锥花序顶生或生于侧生短枝上，花芳香，花冠白色，后变成黄白色。核果卵圆形或卵状椭圆形，成熟时由红变黑。

　　花期3—5月，果期4—9月。

　　生于山地林中或林缘，鼎湖山有栽培。

藿香蓟 胜红蓟 *Ageratum conyzoides* L.
菊科 Compositae 藿香蓟属 *Ageratum*

　　一年生草本，全株具香气。茎直立，不分枝或自基部或自中部以上分枝，有时下部平卧，着地部分在节上生不定根，枝淡红色或上部绿色，被白色短柔毛或上部被稠密的长绒毛。叶对生，有时上部叶互生，叶片卵形、椭圆形或长圆形，先端急尖，基部钝或宽楔形，边缘具圆锯齿，基出3脉或不明显5出脉，两面均被白色稀疏的短柔毛，有黄色腺点，有时下面近无毛，上面沿脉被毛。头状花序在茎端排成紧密的伞房状花序，花冠淡紫色或白色。瘦果圆柱状，具5棱，黑褐色。冠毛膜片5或6个，长圆形。
　　花、果期全年。
　　生于林下、林缘、山坡草地、路边或荒地上。

鬼针草 *Bidens pilosa* L.

菊科　Compositae　鬼针草属　*Bidens*

一年生草本。茎直立，近四棱柱形，具纵条纹，无毛或上部被极稀疏的短柔毛。茎下部叶较小，3裂或不分裂，通常在开花前枯萎；茎中部叶叶柄长1.5～5 cm，叶片为三出复叶，稀为5～7小叶的羽状复叶，两侧小叶椭圆形或卵状椭圆形，先端锐尖，基部近圆形或阔楔形，有时偏斜，不对称，具短柄，边缘有锯齿，顶生小叶较大，长椭圆形或卵状长圆形，先端渐尖，基部渐狭或近圆形，具长1～2 cm的柄，边缘有锯齿，无毛或被极稀疏的短柔毛；茎上部叶片小，条状披针形，3裂或不裂，边缘具锯齿。头状花序，边缘有舌状花或无，舌状花如存在，则有花5～8朵，舌片白色至淡粉红色，稀黄色，管状花多数，花冠黄色。瘦果条形，黑色，具棱，上部具稀疏瘤状突起及刚毛，顶端芒刺3～4枚。

花、果期6—11月。

生于路边及荒地中。

野茼蒿 革命菜 *Crassocephalum crepidioides*(Benth.) S. Moore
菊科 Compositae 野茼蒿属 *Crassocephalum*

　　一年生草本。茎直立，不分枝或少分枝，具纵条纹，疏被短柔毛或近无毛。叶互生，叶片膜质，椭圆形或长圆状椭圆形，先端渐尖，基部楔形，边缘有不规则锯齿或重锯齿，或有时基部羽状分裂，两面无毛或下面被短柔毛。头状花序数个在茎端排成伞房状，小花全部管状，花冠红褐色或橙红色。瘦果狭圆柱形，赤红色，具10纵肋；冠毛极多数，白色，绢毛状，易脱落。

　　花、果期全年。

　　生于山坡草地、路旁或灌丛中。

红丝线 十萼茄 *Lycianthes biflora*（Lour.）Bitter

茄科 Solanaceae **红丝线属** *Lycianthes*

灌木或亚灌木。小枝、叶下面、叶柄、花梗及萼的外面密被淡黄色毛。单叶互生，上部叶常假双生，大小不相等；大叶片椭圆状卵形，偏斜，先端渐尖，基部楔形渐窄至叶柄而成窄翅；小叶片宽卵形，先端短渐尖，基部宽圆形而后骤窄下延至柄而成窄翅，两种叶均膜质，全缘。花通常2～3朵簇生于叶腋内；萼杯状，萼齿10，钻状线形；花冠淡紫色或白色，星形。浆果球形，成熟时绯红色。

花期5—8月，果期7—11月。

生于林下、路旁、水边及山谷中。

水茄　*Solanum torvum* Swartz

茄科　Solanaceae　茄属　*Solanum*

灌木，高1～2（～3）m。小枝、叶、叶柄及花序柄均被尘土色星状毛。小枝疏生基部宽扁的淡黄色皮刺。叶单生或双生，叶片卵形至椭圆形，先端尖，基部浅心形或宽楔形，两边不相等，边缘浅波状、波状或3～5浅裂至半裂，上面绿色，下面灰绿色，有时在下面叶脉上有少数皮刺。伞房花序腋外生，花白色。浆果球形，黄色。

花、果期全年。

生于路旁、荒地或灌木丛中。

丁公藤 *Erycibe obtusifolia* Benth.
旋花科　Convolvulaceae　丁公藤属　*Erycibe*

　　木质藤本。幼枝具棱，疏被短柔毛，老枝近无毛。叶互生，叶片革质，椭圆形或倒卵状椭圆形，先端钝、急尖或钝圆，基部楔形，边缘全缘，两面无毛。花序腋生和顶生，腋生的为总状花序，顶生的为圆锥花序，花冠白色。浆果卵状椭圆形。
　　花期5月，果期10—11月。
　　生于林中或灌丛中。

毛麝香 *Adenosma glutinosum*（L.）Druce

玄参科　Scrophulariaceae　毛麝香属　*Adenosma*

　　多年生直立草本。除花冠和蒴果外，全株均密被多细胞长柔毛和腺毛。茎直立，下部圆柱形，上部四棱柱形，中空，多分枝，稀不分枝。叶对生，上部的多少互生，叶片披针状卵形至阔卵形，先端锐尖，基部楔形至截形或近心形，边缘具不整齐的锯齿，下面密生黄色腺点，腺点干后形成褐色凹窝。花单生叶腋或在茎、枝顶集成总状花序，花冠紫红色或蓝紫色，二唇形。蒴果卵形，先端具短喙。

　　花、果期7—10月。

　　生于疏林下、林缘或灌丛中。

野甘草 冰糖草 *Scoparia dulcis* L.

玄参科 Scrophulariaceae **野甘草属** *Scoparia*

　　直立草本或为半灌木状。茎多分枝，枝有棱角及狭翅，无毛。叶对生或轮生，叶片菱状卵形至菱状披针形，先端钝，基部长渐狭，全缘而成短柄，前半部边缘有锯齿，有时近全缘，两面无毛。花单朵或更多成对生于叶腋，花冠小，白色。蒴果卵圆形至球形。

　　花期4—8月，果期5—10月。

　　生于荒地、路旁、山坡或林缘。

二花蝴蝶草 *Torenia biniflora* Chin et Hong

玄参科　Scrophulariaceae　蝴蝶草属　*Torenia*

　　一年生草本，全体疏被极短的硬毛。茎四棱形，简单或基部分枝，匍匐或上升，下部节上生根。叶对生，叶片卵形或狭卵形，先端急尖或短渐尖，基部钝圆或稀为宽楔形，边缘具粗齿。花序着生于中、下部叶腋，有时兼顶生，腋生花序通常具2朵花，顶生花序可因二歧分枝而具4～6朵花，花冠黄色，稀白色而微带蓝色。蒴果长椭圆体状。

　　花、果期6—10月。

　　生于林下或路旁阴湿处。

单色蝴蝶草 *Torenia concolor* Lindl.

玄参科 Scrophulariaceae 蝴蝶草属 *Torenia*

匍匐草本。茎四棱形，节上生根。叶对生，叶片卵形，三角状卵形或心形，稀卵圆形，先端钝或急尖，基部宽楔形或近于截形，边缘具锯齿或具带短尖的圆锯齿，无毛或疏被柔毛。花单朵腋生或顶生，稀排成伞形花序，花冠蓝色或蓝紫色至深紫色。

花、果期5—11月。

生于林下、田边、河边、草地、路旁和灌丛中。

紫斑蝴蝶草 *Torenia fordii* Hook. f.

玄参科　Scrophulariaceae　蝴蝶草属　*Torenia*

一年生直立粗壮草本，全体被柔毛。茎四棱形，有时有翅。叶对生，叶片卵形或卵状三角形，先端略尖，基部宽楔形或略呈心形，边缘具粗锯齿，两面被长柔毛或叶背仅叶脉处具毛。花排成顶生总状花序或呈圆锥花序，花冠黄色，上唇顶端浅裂或微凹，下唇近3等裂，两侧裂片具紫斑。蒴果圆柱状。

花、果期6—10月。

生于山地路旁、溪旁或疏林下。

石上莲 *Oreocharis benthamii* Clarke var. *reticulata* Dunn
苦苣苔科 Gesneriaceae   马铃苣苔属 *Oreocharis*

　　多年生草本。根状茎粗而短。叶丛生，具长柄，叶厚，叶片椭圆形或卵状椭圆形，先端钝或圆形，基部浅心形，边缘具小锯齿或近全缘，叶脉在下面明显隆起，并结成网状，叶片下面被短柔毛，叶柄密被褐色绵毛。聚伞花序2～3次分枝，每1枚花序2～3次分枝，花冠淡紫色。蒴果线形或线状长圆形。
　　花期4—10月，果期8—11月。
　　生于沟谷和林中湿润岩石上。

板蓝 马蓝 *Strobilanthes cusia* (Nees) Kuntze
爵床科 Acanthaceae **马蓝属** Strobilanthes

多年生草本。茎直立或基部外倾，四棱柱形，稍木质化，通常成对分枝，嫩枝、花序被锈色毛。叶对生，叶片纸质，椭圆形或卵形，先端短渐尖，基部楔形，边缘有粗锯齿，两面无毛。花序顶生或腋生，花冠蓝紫色。蒴果棒状。

花、果期 11 月至翌年 2 月。

生于潮湿地。

山牵牛 大花山牵牛 大花老鸦嘴 *Thunbergia grandiflora* (Rottl. ex Willd.) Roxb.

爵床科 Acanthaceae **山牵牛属** Thunbergia

攀援木质藤本。茎有多数分枝,小枝稍4棱形,后变圆,幼时被短柔毛,老枝近无毛。单叶对生,叶片纸质,卵形、宽卵形至心形,先端渐尖至急尖,基部浅心形或截形,叶缘有缺刻或浅裂,两面粗糙,均被柔毛,具5~7条掌状脉。花单生叶腋或顶生成总状花序,花冠管白色,冠檐蓝紫色。蒴果被短柔毛,球形。

花期2—10月,果期7—11月。

生于山地灌丛,鼎湖山有栽培或逸生。

白花灯笼 鬼灯笼 *Clerodendrum fortunatum* L.
马鞭草科 Verbenaceae 大青属 *Clerodendrum*

灌木。嫩枝密被黄褐色短柔毛，小枝暗棕褐色。叶对生，叶片纸质，长椭圆形或倒卵状披针形，少为卵状椭圆形，先端渐尖，基部楔形或宽楔形，边缘全缘或波状，表面被疏生短柔毛，背面密生细小黄色腺点，沿脉被短柔毛；叶柄长 0.5～3（～4）cm，密被黄褐色短柔毛。聚伞花序腋生，花萼红紫色，具5棱，膨大形似灯笼，花冠淡红色或白色稍带紫色。核果近球形，成熟时深蓝绿色。

花、果期6—11月。

生于山坡灌丛、林缘和路边。

赪桐 *Clerodendrum japonicum* (Thunb.) Sweet

马鞭草科　Verbenaceae　大青属　*Clerodendrum*

灌木。小枝四棱形。单叶对生，叶片圆心形，先端急尖或渐尖，基部心形，边缘有疏短尖齿，表面疏生伏毛，脉基具较密的锈褐色短柔毛，下面密具锈黄色盾形腺体，脉上有疏短柔毛。圆锥状聚伞花序顶生，花萼红色，花冠红色，稀白色。果实椭圆状球形，绿色或蓝黑色。

花、果期5—11月。

生于溪边、沟谷灌丛或疏林中。

山牡荆 *Vitex quinata*（Lour.）Will.

马鞭草科　Verbenaceae　牡荆属　*Vitex*

　　常绿乔木。树皮灰褐色至深褐色。小枝四棱形，疏被微柔毛和黄色的腺点。老枝圆柱形，近无毛。叶为掌状复叶，对生，有3～5小叶，小叶片纸质，倒卵形至倒卵状椭圆形，先端渐尖至短尾状，基部楔形至阔楔形，边缘全缘，两面除中脉被微柔毛外，其余均无毛，上面通常疏生灰白色小窝点，下面密生黄色腺点。聚伞花序对生于主轴上，排成顶生圆锥花序，花冠淡黄色，二唇形。核果球形或倒卵形，成熟后黑色。

　　花期5—7月，果期8—9月。

　　生于林中。

韩信草 耳挖草 *Scutellaria indica* L.
唇形科 Labiatae **黄芩属** *Scutellaria*

多年生草本。根状茎粗短，密生多数纤维根。茎直立，四棱形，通常带暗紫色，被微柔毛。叶对生，叶片草质或近坚纸质，心状卵圆形或圆状卵圆形至椭圆形，先端钝或圆，基部圆形、浅心形至心形，边缘具整齐的圆齿，两面被微柔毛或糙伏毛；叶柄密被微柔毛。花对生，于枝端排成总状花序，花冠蓝紫色，二唇形。小坚果卵圆形，栗色或暗褐色。

花、果期2—6月。

生于疏林下、路旁空地及草地上。

鸭跖草 *Commelina communis* L.

鸭跖草科 Commelinaceae 鸭跖草属 *Commelina*

一年生披散草本。茎多分枝，基部匍匐而节上生根，上部上升，下部无毛，上部被微柔毛。单叶互生，叶片披针形至卵状披针形。佛焰苞状总苞片有柄，与叶对生，折叠，蚌壳状，展开后为心形，基部不相连，边缘常有硬毛。聚伞花序，下面一枝仅有花1朵，不孕；上面一枝具花3~4朵，几乎不伸出佛焰苞。花瓣深蓝色，3枚，内面两枚具爪。蒴果椭圆形。

花、果期6—10月。

生于路旁、山坡、林缘阴湿处。

山菅 山菅兰 *Dianella ensifolia* (L.) DC.

百合科 Liliaceae **山菅属** *Dianella*

多年生草本。根状茎圆柱状，横走。茎丛生，直立，具节。叶狭条状披针形，革质，基部收狭成鞘状，套叠或抱茎。圆锥花序顶生，分枝疏散；花多朵生于花序分枝的上部，花被片条状披针形，绿白色、淡黄色至青紫色。浆果近球形，成熟时深蓝色。

花、果期3—8月。

生于山地路旁、山坡灌丛中或疏林下。

菝葜 *Smilax china* L.

菝葜科　Smilacaceae　　菝葜属　*Smilax*

攀援木质藤本。根状茎粗厚，坚硬，为不规则的块状。茎长1～5 m，疏生皮刺。叶互生，叶片薄革质或坚纸质，椭圆形至圆形或卵形，先端急尖、圆至微凹，基部急尖至心形，下面通常淡绿色，较少苍白色，基出脉5～7条；叶柄长0.5～1.5 cm，占全长的1/2～2/3，部分具鞘，几乎都有卷须。伞形花序生于尚幼嫩的小枝上的叶腋，具10～25朵花，常呈球形，花黄绿色。浆果球形，成熟时红色，有粉霜。

花期2—5月，果期9—11月。

生于林下、草坡、路旁或灌丛中。

土茯苓　光叶菝葜　*Smilax glabra* Roxb.
菝葜科　Smilacaceae　菝葜属　*Smilax*

攀援木质藤本。根状茎粗厚，块状。地上茎与枝条光滑，无刺。单叶互生，叶片薄革质，狭椭圆状披针形或狭卵状披针形，先端渐尖，基部钝至圆，下面通常绿色，有时带苍白色；叶柄长 0.5～2 cm，占全长的 1/4～3/5，具狭鞘，有卷须。伞形花序腋生，通常具 10～30 朵花，花绿白色。浆果球形，成熟时紫黑色，具粉霜。

花期 7—11 月，果期 11 月至翌年 4 月。

生于林下或灌丛中。

暗色菝葜 *Smilax lanceifolia* var. *opaca* A. DC.

菝葜科 Smilacaceae　菝葜属 *Smilax*

攀援木质藤本。枝条具细条纹，无皮刺。叶互生，叶片通常革质，卵状矩圆形、狭椭圆形至披针形，先端渐尖或骤凸，基部圆形或宽楔形，表面有光泽，基出脉5条，下面凸起，在上面稍凹陷；叶柄长0.6～2.5 cm，占全长的1/4～1/5，具狭鞘，一般有卷须。伞形花序通常单个生于叶腋，具20～30朵花，花黄绿色。浆果球形，成熟时紫黑色。

花期9月至翌年3月，果期10—11月。

生于林下、灌丛中或山坡阴处。

石菖蒲 *Acorus tatarinowii* Schott

天南星科　Araceae　菖蒲属　*Acorus*

多年生草本，植株有芳香气味。根状茎较短，横走或斜升，肉质，须根密集，上部多分枝，呈丛生状。叶无柄，叶片薄，线形，基部对折，中部以上平展，先端长渐尖，无中肋，平行脉多数。花序柄腋生，三棱形。肉穗花序圆柱状，黄绿色，贴生于叶状的佛焰苞上。幼果绿色，成熟时黄绿色。

花期5—6月，果期7—8月。

生于湿地或溪旁石上。

石柑子 石蒲藤 *Pothos chinensis*（Raf.）Merr.

天南星科 Araceae **石柑属** Pothos

附生藤本。茎亚木质，淡褐色，近圆柱形，具纵条纹，节上常生气生根。单叶互生，二列；叶片纸质，上面深绿色，下面淡绿色，椭圆形、卵形或披针形，长3～20 cm，宽1.5～10 cm，先端渐尖，有芒状尖头，基部钝；叶柄有宽翅，倒卵状长圆形或楔形，长1～4 cm，宽0.5～1.2 cm，约为叶片大小的1/6。肉穗花序腋生，佛焰苞卵状，绿色；花序短，椭圆形或近圆球形。浆果黄绿色至红色，卵形或长圆形。

花、果期全年。

生于阴湿密林中，常匍匐于岩石上或附生于树干上。

本种与百足藤的区别：石柑子叶柄短于叶片，肉穗花序椭圆形或近圆球形；而百足藤叶柄长于叶片，肉穗花序细圆柱形。

百足藤 蜈蚣藤 *Pothos repens*（Lour.）Druce
天南星科 Araceae **石柑属** *Pothos*

附生藤本。分枝细，营养枝具棱，常曲折，节间长 0.5～1.5 cm，节上具气生根，贴附于树上；花枝圆柱形，具纵条纹，节间长 1～1.5 cm，不常有气生根，多披散或下垂。单叶互生，二列；叶片披针形，向上渐狭，长 2～8 cm；叶柄具宽翅，绿色，叶片状，长楔形，先端微凹，长可达 13～15 cm。幼枝上叶片远小，长 1～2 cm，宽 3～4 mm；叶柄长 2～3 cm，宽 4 mm。总花序柄腋生和顶生；佛焰苞绿色，线状披针形；肉穗花序细圆柱形，黄绿色；花密，花被片黄绿色。浆果卵形，成熟时鲜红色。

花期 3—4 月，果期 5—7 月。

生于潮湿林中，附生于林内树干上或岩石上。

狮子尾 *Rhaphidophora hongkongensis* Schott

天南星科　Araceae　崖角藤属　*Rhaphidophora*

附生藤本。茎稍肉质，粗壮，圆柱形，节间长1～4 cm，常在节上生气生根。幼株茎纤细，肉质，匍匐面扁平，背面圆形，节间伸长至6～8 cm，气生根与叶柄对生。叶互生，二列，叶片纸质或亚革质，常镰状椭圆形，有时为长圆状披针形或倒披针形，由中部向叶基变狭，长20～35 cm，表面绿色，背面淡绿色。幼株叶片斜椭圆形，先端锐尖，基部一侧狭楔形，另一侧圆形。花序顶生和腋生，佛焰苞绿色至淡黄色，卵形；肉穗花序呈圆柱形，粉绿色或淡黄色。浆果黄绿色。

花期4—8月，果翌年成熟。

生于山谷林中及山地阴湿处，匍匐于地面或石上，或攀援于树上或岩壁上。

薯莨 *Dioscorea cirrhosa* Lour.

薯蓣科 Dioscoreaceae　薯蓣属 *Dioscorea*

多年生缠绕草质藤本。全株无毛。块茎形状多变，卵形、球形、长圆形、圆柱形或葫芦状，外皮黑褐色，横断面新鲜时红色，干后紫黑色。茎绿色，右旋缠绕，有分枝，下部具刺。单叶，在茎下部互生，中部以上对生；叶片革质或近革质，长椭圆状卵形至卵圆形，或为卵状披针形至狭披针形，先端渐尖或急尖，基部圆形，有时呈三角状缺刻，稀截形，边缘全缘，上面深绿色，下面粉绿色，基出脉3或5，网脉明显。花雌雄异株。雄花序为穗状花序，腋生，常排成圆锥花序；雌花序为穗状花序，单生于叶腋。蒴果近三棱状扁圆形，棱呈翅状。

花期4—6月，果期7月至翌年1月。

生于林下、灌丛中或山地路旁。

杖藤 华南省藤 *Calamus rhabdocladus* Burret

棕榈科 Palmae **省藤属** *Calamus*

木质攀援藤本,有时灌木状。茎丛生。叶羽状全裂,长2～3 m;裂片多数,2列,互生或近对生,条形,长20～45 cm,宽1～1.8 cm,顶端渐尖,边缘、主脉上均有刚毛状刺;叶轴三棱形,背面具长或短的锐刺;茎生叶或上部叶的叶鞘具狭长扁刺和纤鞭,基生叶叶鞘上的刺稀少。肉穗花序长,具爪状刺的纤鞭。果椭圆形,淡黄色,长1～1.2 cm,顶端具喙状尖头。

花、果期4—6月。

生于密林中或林缘。

露兜草 *Pandanus austrosinensis* T. L. Wu

露兜树科 Pandanaceae　　露兜树属 *Pandanus*

多年生常绿草本。地下茎横卧，分枝，生有许多不定根。地上茎短，不分枝。叶近革质，无柄，条形或带形，先端渐尖成三棱形、具细齿的鞭状尾尖，基部折叠，边缘具向上的钩状锐刺，背面中脉隆起，疏生弯刺，除下部少数刺尖向下外，其余刺尖多向上，沿中脉两侧各有 1 条明显的纵向凹陷。花单性，雌雄异株。聚花果椭圆状圆柱形或近圆球形，由多达 250 余个核果组成，成熟核果的果皮变为纤维，核果倒圆锥状，5～6 棱，宿存柱头刺状，向上斜钩。

花期 4—5 月。

生于林中潮湿处、溪边。

黑莎草 *Gahnia tristis* Nees

莎草科　Cyperaceae　黑莎草属　*Gahnia*

多年生草本。植株丛生，须根粗，具根状茎。秆粗壮，圆柱形，坚实，空心，有节，基部有黑褐色的宿存叶鞘。叶基生和秆生，具鞘，鞘红棕色，叶片狭长，极硬，近革质，边缘通常内卷，边缘及背面具刺状细齿。总苞片叶状，具长鞘，边缘及背面亦具刺状细齿；圆锥花序紧缩成穗状，由7～15个卵形或矩形穗状花序组成。小坚果倒卵状长圆形、三棱形，未成熟时黄白色，成熟后黑色。

花、果期3—12月。

生于草坡、林中或灌木丛中。

淡竹叶 *Lophatherum gracile* Brongn.

禾本科 Gramineae **淡竹叶属** *Lophatherum*

多年生草本。须根中部膨大呈纺锤形小块根。秆直立，丛生，中空，具 5～6 节。叶 2 列互生，叶片披针形，有多数纵脉，纵脉间具横脉，基部收窄成柄状；叶鞘抱秆，平滑或外侧边缘具纤毛；叶舌质硬，褐色，背有糙毛。圆锥花序顶生，分枝斜升或开展；小穗线状披针形，具极短柄。颖果深褐色，长椭圆形。

花、果期 6—10 月。

生于林下或林缘、路旁荫蔽处。

金丝草 *Pogonatherum crinitum*(Thunb.)Kunth
禾本科　Gramineae　金发草属　*Pogonatherum*

多年生草本。秆丛生，直立或斜升，非常纤细，高 10～30 cm。叶鞘短于或长于节间，无毛或被微柔毛，鞘口被纤毛；叶舌短，纤毛状；叶片披针形至条形，平展，稀内卷或对折，长 2～5 cm，先端渐尖，两面均被微柔毛并粗糙。穗形总状花序单生于秆顶，长 1.5～3 cm，淡黄色；穗轴节间被纤毛；小穗成对，一具柄，另一无柄；颖顶端 2 裂，具芒；芒直或弯曲，金黄色，长 10～15 mm。

花、果期 5—9 月。

生于阴湿山坡、路旁、墙脚、岩缝等处。

棕叶芦 *Thysanolaena latifolia*（Roxb. ex Hornem.）Honda

禾本科　Gramineae　棕叶芦属　*Thysanolaena*

多年生草本。秆丛生，直立，粗壮，不分枝。叶2列互生，叶鞘长于节间，无毛；叶舌短，质硬，先端截形；叶片宽披针形，长20～50 cm，宽3～8 cm，革质，先端渐尖，基部心形，具横脉，具柄。圆锥花序大而柔软，长达50 cm，分枝多；小穗长1.5～1.8 mm，小穗柄具关节。颖果长圆形。

一年有两次花、果期，春夏季和秋季。

生于山坡灌丛、疏林或路边草丛中。

附 录
APPENDIX

中文名索引

A
暗色菝葜 …… 194

B
菝葜 …… 192
白背叶 …… 89
白车 …… 63
白花灯笼 …… 186
白花蛇舌草 …… 163
白花悬钩子 …… 98
白花油麻藤 …… 110
白木香 …… 49
白楸 …… 90
白颜树 …… 118
白叶瓜馥木 …… 31
百足藤 …… 197
柏拉木 …… 64
斑叶朱砂根 …… 150
板蓝 …… 184
板栗 …… 113
半边旗 …… 13
半枫荷 …… 76
逼迫子 …… 85
扁担藤 …… 134
冰糖草 …… 179
布渣叶 …… 73

C
草胡椒 …… 43
草珊瑚 …… 46
豺皮樟 …… 38
长叶竹柏 …… 26
车轮梅 …… 96
陈氏钓樟 …… 35
赪桐 …… 187
秤星树 …… 130
垂穗石松 …… 2
春花 …… 96
刺果藤 …… 75
刺犁头 …… 48
粗叶榕 …… 122
粗叶悬钩子 …… 97

D
大飞扬 …… 86
大花老鸦嘴 …… 185
大花山牵牛 …… 185
大罗伞 …… 149
大沙叶 …… 83
大叶栎 …… 115
单色蝴蝶草 …… 181
淡竹叶 …… 203
灯笼草 …… 2
地菍 …… 67
地桃花 …… 79
丁公藤 …… 177
鼎湖钓樟 …… 35

鼎湖耳草 …………………… 164	鬼画符 ……………………… 84
鼎湖血桐 …………………… 88	鬼针草 …………………… 173
对叶榕 …………………… 123	
多花野牡丹 ………………… 65	**H**
	哈氏榕 …………………… 120
E	海红豆 ……………………… 99
鹅掌柴 …………………… 144	海金沙 ……………………… 7
耳挖草 …………………… 189	韩信草 …………………… 189
二花蝴蝶草 ……………… 180	禾雀花 …………………… 110
	荷木 ……………………… 56
F	荷树 ……………………… 56
翻白叶树 …………………… 76	黑面神 ……………………… 84
飞扬草 ……………………… 86	黑莎草 …………………… 202
粪箕笃 ……………………… 42	黑桫椤 ……………………… 10
凤尾草 ……………………… 12	红背山麻杆 ………………… 81
伏石蕨 ……………………… 19	红背叶 ……………………… 81
	红车 ……………………… 61
G	红鳞蒲桃 …………………… 61
橄榄 ……………………… 139	红皮紫陵 ………………… 145
岗稔 ……………………… 60	红丝线 …………………… 175
岗松 ……………………… 58	猴耳环 …………………… 101
杠板归 ……………………… 48	厚壳桂 ……………………… 33
葛 ………………………… 111	厚叶素馨 ………………… 155
革命菜 …………………… 174	胡氏栎 …………………… 116
格木 ……………………… 105	葫芦茶 …………………… 112
瓜子金 …………………… 157	华南毛蕨 …………………… 16
贯叶蓼 ……………………… 48	华南省藤 ………………… 200
光叶菝葜 ………………… 193	华南云实 ………………… 104
广东假木荷 ……………… 145	华润楠 ……………………… 39
广东金叶子 ……………… 145	黄狗头 ……………………… 9
广东润楠 …………………… 40	黄果厚壳桂 ………………… 34
鬼灯笼 …………………… 186	黄梁木 …………………… 168

▶ 209

黄毛榕	119
黄牛木	72
黄叶树	47
藿香蓟	172

J

鸡毛松	25
鸡爪兰	46
寄生藤	131
鲫鱼胆	153
假地豆	108
假蒟	45
假老虎簕	104
假苹婆	78
假柿木姜子	37
假鹰爪	30
江南星蕨	20
降真香	135
绞股蓝	53
金花草	11
金毛狗	9
金丝草	204
井栏边草	12
九丁榕	124
九节	169
九节茶	46
酒饼叶	30

K

栲栗	114

L

烂头钵	91
簕欓花椒	137
雷公青冈	116
鳢肠	115
鳢肠锥	115
栗	113
两面针	138
亮叶猴耳环	102
了哥王	50
裂叶秋海棠	55
岭南山竹子	71
柳叶杜茎山	154
柳叶空心花	154
龙船花	166
龙须藤	103
楼梯草	126
露兜草	201
罗浮柿	147
罗伞树	151

M

马蓝	184
马尾松	24
蔓九节	170
芒萁	4
毛果算盘子	87
毛茛	69
毛麝香	178
梅叶冬青	130
木荷	56

N
牛白藤 …………………………… 165

P
破布叶 ……………………………… 73
铺地蜈蚣 …………………………… 2
蒲桃 ………………………………… 62
朴树 ……………………………… 117

Q
漆大姑 …………………………… 87
青蓝 ……………………………… 47
球兰 ……………………………… 158
曲轴海金沙 ………………………… 6

R
人面树 …………………………… 141
人面子 …………………………… 141
绒毛润楠 ………………………… 41
肉实树 …………………………… 148

S
三叉苦 …………………………… 136
三桠苦 …………………………… 136
伞房花耳草 ……………………… 162
山苍子 …………………………… 36
山大颜 …………………………… 169
山鸡椒 …………………………… 36
山鸡血藤 ………………………… 109
山菅 ……………………………… 191
山菅兰 …………………………… 191
山蒟 ……………………………… 44

山牡荆 …………………………… 188
山蒲桃 …………………………… 63
山牵牛 …………………………… 185
山石榴 …………………………… 161
山乌桕 …………………………… 93
山血丹 …………………………… 150
山油柑 …………………………… 135
山指甲 …………………………… 156
珊瑚树 …………………………… 171
扇叶铁线蕨 ……………………… 15
深绿卷柏 ………………………… 3
生虫树 …………………………… 34
胜红蓟 …………………………… 172
狮子尾 …………………………… 198
十萼茄 …………………………… 175
石斑木 …………………………… 96
石菖蒲 …………………………… 195
石柑子 …………………………… 196
石蒲藤 …………………………… 196
石上莲 …………………………… 183
石韦 ……………………………… 21
薯莨 ……………………………… 199
水东哥 …………………………… 57
水茄 ……………………………… 176
水石榕 …………………………… 74
水石梓 …………………………… 148
水同木 …………………………… 120
水团花 …………………………… 159
水翁 ……………………………… 59
水杨梅 …………………………… 159
酸藤子 …………………………… 152

T

桃金娘	60
桃叶石楠	94
藤槐	106
藤黄檀	107
藤榕	121
天香藤	100
透明草	128
凸脉榕	124
土沉香	49
土茯苓	193
土蜜树	85
团花	168
臀果木	95
臀形果	95

W

网脉山龙眼	51
乌材	146
乌韭	11
乌蕨	11
乌榄	140
乌蔹莓	133
乌毛蕨	17
蜈蚣草	14
蜈蚣藤	197
五月茶	82
五指毛桃	122
雾水葛	129

X

锡叶藤	52
狭叶楼梯草	127
香花崖豆藤	109
香楠	160
肖梵天花	79
肖野牡丹	68
小果叶下珠	91
小蜡	156
小罗伞	150
小盘木	80
小叶海金沙	8
小叶冷水花	128
小叶买麻藤	27

Y

鸭脚木	144
鸭跖草	190
盐肤木	142
眼树莲	157
野甘草	179
野葛	111
野牡丹	66
野漆	143
野漆树	143
野茼蒿	174
叶下珠	92
异果山绿豆	108
翼核果	132
银柴	83
鹰不泊	137
玉叶金花	167

Z

窄叶半枫荷…………………… 77
展毛野牡丹…………………… 68
樟叶茉莉……………………… 155
杖藤…………………………… 200
中华复叶耳蕨………………… 18
中华里白……………………… 5
朱砂根………………………… 149
竹节树………………………… 70
苎麻…………………………… 125
锥……………………………… 114
紫斑蝴蝶草…………………… 182
紫背天葵……………………… 54
紫玉盘………………………… 32
棕叶芦………………………… 205

学名索引

A

Acorus tatarinowii ············ 195
Acronychia pedunculata ········ 135
Adenanthera microsperma ······· 99
Adenosma glutinosum ·········· 178
Adiantum flabellulatum ········ 15
Adina pilulifera ············· 159
Ageratum conyzoides ·········· 172
Aidia canthioides ············ 160
Albizia corniculata ·········· 100
Alchornea trewioides ··········· 81
Antidesma bunius ·············· 82
Aporosa dioica ················ 83
Aquilaria sinensis ············ 49
Arachniodes chinensis ········· 18
Archidendron clypearia ······· 101
Archidendron lucidum ········· 102
Ardisia crenata ·············· 149
Ardisia lindleyana ··········· 150
Ardisia quinquegona ·········· 151

B

Baeckea frutescens ············ 58
Bauhinia championii ·········· 103
Begonia fimbristipula ········· 54
Begonia palmata ··············· 55
Bidens pilosa ················ 173
Blastus cochinchinensis ······· 64
Blechnum orientale ············ 17

Boehmeria nivea ·············· 125
Bowringia callicarpa ········· 106
Breynia fruticosa ············· 84
Bridelia tomentosa ············ 85
Byttneria grandifolia ········· 75

C

Caesalpinia crista ··········· 104
Calamus rhabdocladus ········· 200
Callerya dielsiana ··········· 109
Canarium album ··············· 139
Canarium pimela ·············· 140
Carallia brachiata ············ 70
Carcinia oblongifolia ········· 71
Castanea mollissima ·········· 113
Castanopsis chinensis ········ 114
Castanopsis fissa ············ 115
Catunaregam spinosa ·········· 161
Cayratia japonica ············ 133
Celtis sinensis ·············· 117
Cibotium barometz ·············· 9
Cleistocalyx nervosum ········· 59
Clerodendrum fortunatum ······ 186
Clerodendrum japonicum ······· 187
Commelina communis ··········· 190
Craibiodendron scleranthum var.
 kwangtungense ············· 145
Crassocephalum crepidioides ·· 174
Cratoxylum cochinchinense ····· 72

Cryptocarya chinensis 33
Cryptocarya concinna 34
Cyclobalanopsis hui 116
Cyclosorus parasiticus 16

D

Dacrycarpus imbricatus var. *patulus*
.... 25
Dalbergia hancei 107
Dendrotrophe varians 131
Desmodium heterocarpon 108
Desmos chinensis 30
Dianella ensifolia 191
Dicranopteris pedata 4
Dioscorea cirrhosa 199
Diospyros eriantha 146
Diospyros morrisiana 147
Diplopterygium chinense 5
Dischidia chinensis 157
Dracontomelon duperreanum 141

E

Elaeocarpus hainanensis 74
Elatostema involucratum 126
Elatostema lineolatum 127
Embelia laeta 152
Erycibe obtusifolia 177
Erythrophleum fordii 105
Euphorbia hirta 86

F

Ficus esquiroliana 119

Ficus fistulosa 120
Ficus hederacea 121
Ficus hirta 122
Ficus hispida 123
Ficus nervosa 124
Fissistigma glaucescens 31

G

Gahnia tristis 202
Gironniera subaequalis 118
Glochidion eriocarpum 87
Gnetum parvifolium 27
Gymnosphaera podophylla 10
Gynostemma pentaphyllum 53

H

Hedyotis corymbosa 162
Hedyotis diffusa 163
Hedyotis effusa 164
Hedyotis hedyotidea 165
Helicia reticulata 51
Hoya carnosa 158

I

Ilex asprella 130
Ixora chinensis 166

J

Jasminum pentaneurum 155

L

Lemmaphyllum microphyllum 19

Ligustrum sinense ······ 156	
Lindera chunii ······ 35	
Litsea cubeba ······ 36	
Litsea monopetala ······ 37	
Litsea rotundifolia var. *oblongifolia* ······ 38	
Lophatherum gracile ······ 203	
Lycianthes biflora ······ 175	
Lycopodium cernuum ······ 2	
Lygodium flexuosum ······ 6	
Lygodium japonicum ······ 7	
Lygodium microphyllum ······ 8	

M

Macaranga sampsonii ······ 88
Machilus chinensis ······ 39
Machilus kwangtungensis ······ 40
Machilus velutina ······ 41
Maesa perlarius ······ 153
Maesa salicifolia ······ 154
Mallotus apelta ······ 89
Mallotus paniculatus ······ 90
Melastoma affine ······ 65
Melastoma candidum ······ 66
Melastoma dodecandrum ······ 67
Melastoma normale ······ 68
Melastoma sanguineum ······ 69
Melicope pteleifolia ······ 136
Microcos paniculata ······ 73
Microdesmis caseariifolia ······ 80
Mucuna birdwoodiana ······ 110
Mussaenda pubescens ······ 167

N

Nageia fleuryi ······ 26
Neolamarckia cadamba ······ 168
Neolepisorus fortunei ······ 20

O

Odontosoria chinensis ······ 11
Oreocharis benthamii var. *reticulata* ······ 183

P

Pandanus austrosinensis ······ 201
Peperomia pellucida ······ 43
Photinia prunifolia ······ 94
Phyllanthus reticulatus ······ 91
Phyllanthus urinaria ······ 92
Pilea microphylla ······ 128
Pinus massoniana ······ 24
Piper hancei ······ 44
Piper sarmentosum ······ 45
Pogonatherum crinitum ······ 204
Polygonum perfoliatum ······ 48
Pothos chinensis ······ 196
Pothos repens ······ 197
Pouzolzia zeylanica ······ 129
Psychotria asiatica ······ 169
Psychotria serpens ······ 170
Pteris multifida ······ 12
Pteris semipinnata ······ 13
Pteris vittata ······ 14
Pterospermum heterophyllum ······ 76
Pterospermum lanceifolium ······ 77

Pueraria lobata ············· 111
Pygeum topengii ············· 95
Pyrrosia lingua ············· 21

R

Rhaphidophora hongkongensis ··· 198
Rhaphiolepis indica ············· 96
Rhodomyrtus tomentosa ········ 60
Rhus chinensis ················ 142
Rubus alceaefolius ············· 97
Rubus leucanthus ··············· 98

S

Sarcandra glabra ············· 46
Sarcosperma laurinum ········· 148
Saurauia tristyla ············· 57
Schefflera heptaphylla ········· 144
Schima superb ················ 56
Scoparia dulcis ················ 179
Scutellaria indica ············· 189
Selaginella doederleinii ········· 3
Smilax china ················ 192
Smilax glabra ················ 193
Smilax lanceifolia var. *opaca* ··· 194
Solanum torvum ············· 176
Stephania longa ············· 42
Sterculia lanceolata ············ 78
Strobilanthes cusia ············· 184
Syzygium hancei ············· 61
Syzygium jambos ············· 62
Syzygium levinei ············· 63

T

Tadehagi triquetrum ············ 112
Tetracera sarmentosa ············ 52
Tetrastigma planicaule ············ 134
Thunbergia grandiflora ············ 185
Thysanolaena latifolia ············ 205
Torenia biniflora ················ 180
Torenia concolor ················ 181
Torenia fordii ···················· 182
Toxicodendron succedaneum ······ 143
Triadica cochinchinensis ············ 93

U

Urena lobata ···················· 79
Uvaria macrophylla ·············· 32

V

Ventilago leiocarpa ·············· 132
Viburnum odoratissimum ········· 171
Vitex quinata ···················· 188

W

Wikstroemia indica ·············· 50

X

Xanthophyllum hainanense ········ 47

Z

Zanthoxylum avicennae ············ 137
Zanthoxylum nitidum ············· 138